高等学校计算机类专业实践系列教材

Python 程序设计与数据分析基础

Python CHENGXU SHEJI YU SHUJU FENXI JICHU

主　编　唐　静　葛　娅

副主编　王晓燕　付朝辉

参　编　潘成花　王　丹

西安电子科技大学出版社

内 容 简 介

本书以简洁的语言和通俗易懂的示例，由浅入深、循序渐进地介绍了 Python 程序设计知识及其在数据分析方面的应用，让读者能够较为系统地掌握 Python 程序设计的理论和 Python 数据分析的应用。

全书共 10 章，具体内容包括：Python 概述，Python 语言基础，Python 程序流程控制，序列数据类型，函数，面向对象程序设计，Python 的文件操作，模块、包与库，数据分析基础，数据分析综合案例等。

本书可作为高等学校计算机、电子信息等相关专业的教材，也可作为对 Python 程序设计语言感兴趣的读者的学习参考书。

图书在版编目 (CIP) 数据

Python 程序设计与数据分析基础 / 唐静，葛娅主编 . -- 西安：西安电子科技大学出版社 , 2025. 7. -- ISBN 978-7-5606-7694-4

Ⅰ. TP312.8

中国国家版本馆 CIP 数据核字第 2025YA3301 号

策　　划　刘统军
责任编辑　李　明
出版发行　西安电子科技大学出版社 (西安市太白南路 2 号)
电　　话　(029) 88202421　88201467　　　　　邮　　编　710071
网　　址　www.xduph.com　　　　　　　　电子邮箱　xdupfxb001@163.com
经　　销　新华书店
印刷单位　陕西天意印务有限责任公司
版　　次　2025 年 7 月第 1 版　　　　　2025 年 7 月第 1 次印刷
开　　本　787 毫米 × 1092 毫米　1/16　　　印　　张　15.5
字　　数　364 千字
定　　价　46.00 元
ISBN 978-7-5606-7694-4
XDUP 7995001-1
*** 如有印装问题可调换 ***

前　言

程序设计是高等学校计算机、电子信息、电子商务、工商管理等相关专业的必修课程。Python 语言是一种解释型、面向对象的计算机程序设计语言，特别适用于快速的应用程序开发。Python 语言非常适合作为程序设计的入门语言，已被广泛作为计算机程序设计教学语言和系统管理编程脚本语言，并被应用于数据分析、科学计算等。Python 编程语言广受开发者的喜爱，并被列入目前最流行的 Web 服务器端软件组合 LAMP(Linux、Apache、MySQL 以及 Python/Perl/PHP)，已经成为最受欢迎的程序设计语言之一。

本书共 10 章。第 1 章介绍 Python 的发展历史、语言特点、开发环境安装与测试和 Jupyter Notebook 使用详解等基本内容；第 2 章介绍 Python 程序的书写规范、变量、常用基本数据类型、运算符和表达式等；第 3 章介绍选择结构和循环结构这两种程序流程控制结构，以及程序的异常处理等；第 4 章介绍序列数据类型，包括列表、元组、字典和集合；第 5 章介绍函数的定义和应用；第 6 章介绍面向对象程序设计的相关概念及相关应用综合实例；第 7 章介绍文件的概念、文件的读写操作及相关应用综合实例；第 8 章简单介绍 Python 模块基础、标准库和第三方库；第 9 章以 NumPy、Pandas、Matplotlib 这 3 个第三方库为例，介绍使用 Python 进行科学计算、数据分析和图表绘制的基本方法；第 10 章基于 Python 语言，以某电商平台的产品销售数据为例进行相关数据分析。

本书具有如下特点：

(1) 目标明确，结构清晰。本书主要针对零基础的读者，旨在使读者掌握 Python 基础概念、语法，并进一步学习 Python 在数据分析方面的应用。

(2) 案例丰富，由易到难。考虑到本书的目标受众，我们在编写本书的过程中加入了大量的案例和课后习题，并且在结构上反复推敲，使案例由易到难、逐渐递进。另外，在示例代码中以注释的形式对程序进行讲解，使读者明其意，晓其理，尽其用。

(3) 删繁就简，强调实战。本书主要涉及 Python 与数据分析相关的知识点及操作，在数据分析部分选择的案例均紧贴工作实践。

本书由唐静、葛娅担任主编，王晓燕、付朝辉担任副主编，潘成花、王丹参与编写，具体编写分工为：第 1 章、第 8 章由王丹编写；第 2 章由葛娅编写；第 3 章、第 5 章、第 10 章由唐静编写；第 4 章、第 7 章由潘成花编写；第 6 章由王晓燕编写；第 9 章由付朝辉编写。

编者在此对各级领导和出版社的支持表示衷心的感谢。由于编者学识有限，书中不足之处在所难免，欢迎读者批评指正。

编　者

2025 年 4 月

目 录

第 1 章　Python 概述 1

1.1　初识 Python 1

1.1.1　Python 的发展历程 1

1.1.2　Python 语言的特点 2

1.1.3　Python 的应用领域 2

1.2　下载与安装 Python 3

1.2.1　下载 Python 3

1.2.2　安装 Python 5

1.2.3　测试 Python 6

1.2.4　配置 Python 的 Path 环境变量 7

1.2.5　pip 命令安装与管理扩展包 9

1.3　IDLE 开发环境 12

1.3.1　IDLE 简介 12

1.3.2　IDLE 创建 Python 程序 12

1.4　Anaconda3 集成环境 15

1.4.1　下载 Anaconda3 15

1.4.2　安装 Anaconda3 16

1.4.3　测试 Anaconda3 20

1.4.4　配置 Anaconda3 的 Path 环境变量 21

1.4.5　图形化界面管理虚拟环境和包 23

1.4.6　conda 命令管理虚拟环境和包 27

1.5　Jupyter Notebook 30

1.5.1　简介 30

1.5.2　组成部分 30

1.5.3　主要特点 31

1.5.4　使用详解 32

习题 34

第 2 章　Python 语言基础 35

2.1　程序的书写规范 35

2.1.1　Python 的语句 35

2.1.2　代码与缩进 35

2.1.3　注释 36

2.2　标识符、关键字与变量 36

2.2.1　标识符 36

2.2.2　关键字 37

2.2.3　变量 37

2.3　基本数据类型 38

2.3.1　数值型 38

2.3.2　字符型 40

2.4　数据类型判断与类型间转换 44

2.4.1　数据类型判断 44

2.4.2　基本数据类型间转换 46

2.5　运算符与表达式 49

2.5.1　运算符概述 49

2.5.2　常见运算符 49

2.5.3　运算符的优先级 50

2.5.4　表达式组成与书写规则 51

习题 53

第 3 章　Python 程序流程控制 55

3.1　选择结构 55

3.1.1　单分支结构 56

3.1.2　双分支结构 57

3.1.3　多分支结构 57

3.1.4　分支结构的嵌套 59

3.1.5　选择结构综合案例 61

3.2　循环结构 63

3.2.1　for 循环 64

3.2.2　while 循环 65

3.2.3　循环嵌套 66

3.2.4　循环控制语句 67

3.2.5　循环结构综合案例 70

3.3　程序的异常处理 73

3.3.1　异常的常见形式 73

3.3.2　异常处理结构语法 74

习题 76

第 4 章　序列数据类型 79

4.1　序列数据类型通用操作函数 79

4.2　列表 79

4.2.1　列表的创建与删除 80

4.2.2　列表元素的访问与切片 81

4.2.3　列表的常用方法和函数 83

4.2.4　列表运算 84

4.2.5　列表推导式 86

4.3　元组 88

4.3.1　元组的创建与访问 88

4.3.2　元组运算符、元组索引与切片 90

4.3.3　生成器推导式 91

4.3.4　列表与元组的区别与联系 92

4.4　字典 92

4.4.1　字典的特征 92

4.4.2　字典的创建 92

4.4.3　字典的元素访问 94

4.4.4　字典元素的增加、修改与删除 95

4.5　集合 97

4.5.1　集合的概念 97

4.5.2　集合的创建与删除 98

4.5.3　集合元素的添加与删除 99

4.5.4　集合的常用方法 100

习题 102

第5章　函数 105

5.1　概述 105

5.1.1　函数的功能与分类 105

5.1.2　函数的定义 106

5.1.3　函数的调用 107

5.1.4　函数的嵌套 109

5.1.5　递归函数 111

5.2　函数的参数 112

5.2.1　变量的引用 112

5.2.2　位置参数 115

5.2.3　关键字参数 116

5.2.4　默认值参数 117

5.2.5　可变长度参数 118

5.3　变量的作用域 119

5.3.1　全局变量 119

5.3.2　局部变量 119

5.3.3　global 语句 121

5.4　lambda 表达式 122

5.5　Python 的内置函数 124

5.5.1　数学运算函数 124

5.5.2　字符串运算函数 125

5.5.3　转换函数 125

5.5.4　序列操作函数 126

5.6　综合案例——名片管理系统 126

习题 133

第6章　面向对象程序设计 137

6.1　面向对象概述 137

6.2　创建类和实例对象 138

6.2.1　创建类 138

6.2.2　创建实例对象 138

6.3　属性 139

6.3.1　self 属性 139

6.3.2　类属性 139

6.3.3　实例属性 140

6.4　方法 141

6.4.1　实例方法 141

6.4.2　静态方法 141

6.4.3　类方法 142

6.4.4　构造方法 143

6.4.5　析构方法 144

6.5　继承 144

6.5.1　继承的概念和语法 144

6.5.2　super 函数 146

6.5.3　方法重写 147

6.6　综合案例 148

习题 149

第7章　Python 的文件操作 151

7.1　文件类型 151

7.1.1　文本文件 151

7.1.2　二进制文件 151

7.2　文本文件的编码 151

7.3　文件的打开和关闭 152

7.3.1　打开文件 152

7.3.2　文件对象属性 154

7.3.3　关闭文件 154

7.4　文件的读写操作 155

7.4.1　文件定位 155

7.4.2　向文件写入数据 156

7.4.3　读取文件数据 156

7.5　文件（文件夹）操作 158

　　7.5.1　创建文件夹 158

　　7.5.2　列出文件夹内容 159

　　7.5.3　处理文件夹已存在的情况 159

7.6　CSV 文件和 Excel 文件操作 160

　　7.6.1　CSV 文件操作 160

　　7.6.2　Excel 文件操作 163

7.7　文件操作的综合应用 165

习题 170

第 8 章　模块、包与库 173

8.1　模块、包与库简介 173

　　8.1.1　创建自定义模块 173

　　8.1.2　创建包 174

　　8.1.3　模块搜索路径 175

8.2　导入和执行模块 176

　　8.2.1　导入模块 176

　　8.2.2　执行模块 178

8.3　Python 的标准库 180

　　8.3.1　标准库的概念 180

　　8.3.2　builtins 库 180

　　8.3.3　random 库 180

　　8.3.4　datetime 库 181

　　8.3.5　turtle 库 182

8.4　Python 的第三方库 183

　　8.4.1　第三方库简介 183

　　8.4.2　第三方库安装 183

　　8.4.3　pyinstaller 库的应用 184

　　8.4.4　wordcloud 库的应用 186

习题 187

第 9 章　数据分析基础 190

9.1　科学计算 NumPy 库 190

　　9.1.1　NumPy 的主要学习内容 190

9.1.2　NumPy 的作用 191

9.1.3　NumPy 数据类型 191

9.1.4　NumPy 创建各类型数组 192

9.2　数据分析 Pandas 库 198

　　9.2.1　Pandas 简介 198

　　9.2.2　Pandas 在数据分析中的优势 198

　　9.2.3　Pandas 数据结构 199

　　9.2.4　Pandas 数据读写 201

　　9.2.5　Pandas 常用操作 202

9.3　数据可视化 Matplotlib 库 213

　　9.3.1　绘制直方图 213

　　9.3.2　绘制折线图 214

　　9.3.3　绘制散点图 216

　　9.3.4　绘制柱状图 218

　　9.3.5　绘制饼图 220

习题 222

第 10 章　数据分析综合案例 224

10.1　案例介绍 224

10.2　数据集描述 224

10.3　数据清洗 225

　　10.3.1　数据导入与列重命名 225

　　10.3.2　数据类型转换 226

10.4　用户消费特征分析 227

　　10.4.1　整体用户消费趋势 227

　　10.4.2　用户个体消费情况 229

　　10.4.3　用户消费周期分析 231

　　10.4.4　用户生命周期 234

10.5　用户价值度分析——RFM 模型构建与

　　　　可视化 236

　　10.5.1　RFM 模型构建 236

　　10.5.2　用户分层可视化 238

习题 238

参考文献 239

第 1 章　Python 概述

本章介绍了 Python 的诞生背景、发展历程及其在众多领域的广泛应用，揭示了 Python "优雅、简洁、强大"的语言特点，并讲解了搭建与使用 Python 开发环境的方法。

1.1　初识 Python

本节主要介绍 Python 的发展历程、语言特点和应用领域。

1.1.1　Python 的发展历程

1970 年，Guido van Rossum(吉多·范罗苏姆，见图 1-1) 于荷兰的数学和计算机研究所开发了 ABC 教学语言。

1989 年，Guido van Rossum 在阿姆斯特丹为了打发圣诞节的无聊时光，打算研究一种既能像 C 语言一样实现全面调用计算机功能接口，又能像 UNIX Shell 一样实现轻松编程的脚本语言，作为 ABC 语言的继承。因此，Guido van Rossum 便开始开发第一个 Python 编译器。这个语言被命名为 Python，是因为 Guido van Rossum 很喜欢 1970 年在英国首播的一部电视喜剧 *Monty Python's Flying Circus*(《蒙提·派森的飞行马戏团》)。

Python 的图标为两条蟒蛇 (见图 1-2)，是因为出版第一本 Python 书籍时，出版商 O'Reilly 习惯使用动物作为书籍封面，而 Python 本身的中文翻译为蟒蛇。

图 1-1　"Python 之父" Guido van Rossum

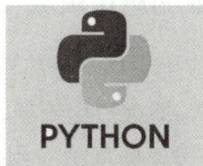

图 1-2　Python 图标

1991 年，第一个 Python 语言编译器 (0.9.0 版本) 问世。此时，它已经包含了类、模块、函数、处理异常等基本功能。此后，越来越多的 Python 版本陆续发布。到 2024 年 12 月，Python 官网已经发布了 Python 3.13.0 版本。

1.1.2　Python 语言的特点

Python 语言因自身特点，在 2023 年已经成为使用最广泛的语言之一。下面从 Python 语言的优点和不足两个方面介绍它的特点。

Python 语言的优点如下：

(1) 简单、易学、易用。Python 语法遵循优雅、简单、明确的设计风格，使得开发者更易学习且更易使用。

(2) 易读、易维护。Python 保持了 ABC 语言的强制缩进，继承了 C 语言的等号和赋值等，使得代码更规范、更清晰、更严谨、更美观、更可读、更可维护。

(3) 库庞大、功能全面且强大。Python 的标准库和第三方库都有相应的包支持和模块支持，使得开发者能直接调用它们，再做一些修改就能处理各种开发工作。

(4) 开源、免费。Python 为所有开发者提供开放的源代码服务。

(5) 解释型。Python 代码不需要编译成二进制代码再运行，而是由解释器逐行解释并执行。

(6) 面向对象。Python 既支持面向过程的编程，也支持面向对象的编程，而且 Python 完全面向对象，支持封装、继承和多态，大大提高了程序的复用性。

(7) 可扩展性、可扩充性、可嵌入性。Python 也被称为"胶水语言 (Glue Language)"，即 Python 提供丰富的 API(Application Programming Interface，应用程序编程接口)，以便开发者能使用 C 或 C++ 等来编写扩充模块，然后在 Python 程序内部进行集成和封装。

(8) 可移植性、跨平台性。Python 代码不需要修改就可以移植到其他平台上运行。

(9) 高级动态编程。Python 是一门高级语言，在编程时无须考虑内存管理等底层实现的细节。同时 Python 具有多种运行方式 (如解释执行、交互运行等)，为开发者提供了便利。

(10) 应用领域十分广泛。

Python 语言的不足如下：

(1) 与 C/C++/Java 相比，Python 代码运行速度稍慢。

(2) Python 的版本不能向后兼容，即较新版本的 Python 不能运行用较旧版本语法编写的代码。

1.1.3　Python 的应用领域

Python 的应用领域十分广泛，包括但不限于以下几个方面：

(1) 云计算，即虚拟化管理，如 OpenStack 云计算管理平台就是利用 Python 开发的。

(2) Web 开发，即网站应用，如国内的豆瓣网和国外的 YouTube 视频网站等就是使用 Python 开发的。

(3) 人工智能应用，即 AI，如目前流行的 ChatGPT 机器人聊天程序就是使用 Python 语言开发的。

(4) 自动化运维，即同时部署数百台机器或同时监控数百台机器的运行，如 Saltstack

自动化运维平台就是采用 Python 开发的。

(5) 自动化测试，即由机器自动执行测试的过程，如 Python 提供的 Selenium 第三方自动化测试工具就是在自动化测试时使用的。

(6) Python 数据采集，即收集和爬取所需要的互联网信息，如 Python 提供的 Requests 第三方请求库就可以在数据采集时使用。

(7) Python 数据分析，即对数据进行分析和可视化等，如抖音就是使用 Python 来对用户的数据进行分析，从而实现了定制化推荐的功能。

(8) 网络编程，即信息的发送与接收，如 Python 提供的内置 Socket 套接字库，可以用于创建套接字并进行网络通信。

(9) Python 游戏开发，即开发游戏，如 Python 提供的 Pygame 第三方游戏模块可以用于开发游戏。

(10) Python 图形图像处理，即对图像进行分析，如 Python 提供的 OpenCV-Python 图像处理第三方库就可以用来处理图形图像。

1.2　下载与安装 Python

本节重点讲解 Python 的下载、安装、测试和 Path 环境变量的配置，以及使用 pip 命令在 cmd 命令提示符下安装与管理扩展包。

1.2.1　下载 Python

下载 Python 的操作步骤如下：

(1) 如图 1-3 所示，进入 Python 官方网站 https://www.python.org/，并单击 "Downloads"。

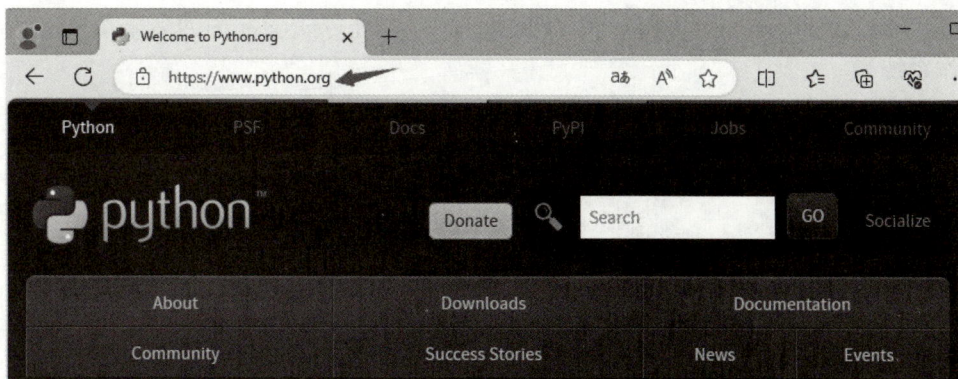

图 1-3　下载 Python 步骤 (1)

(2) 进入下载安装包的链接地址 https://www.python.org/downloads/，在该页面可以看到 Python 各种版本的信息。然后单击 Python 对应版本的 "Download"，如图 1-4 所示（这里选择下载 Python 3.9.7 版本）。

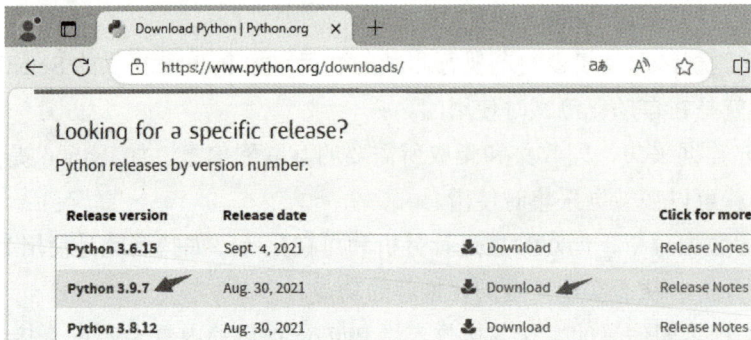

图 1-4   下载 Python 步骤 (2)

(3) 进入 https://www.python.org/downloads/release/python-397/，它是下载 Python 3.9.7 版本各种安装包地址的页面。首先查看计算机操作系统的类型和版本，右键单击"此电脑"，再单击"属性"，如图 1-5 所示。

(4) 在弹出的页面中，可以看到计算机操作系统的类型和版本是 Windows 64 位，如图 1-6 所示。

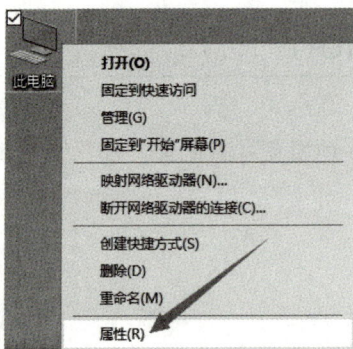

图 1-5   下载 Python 步骤 (3)

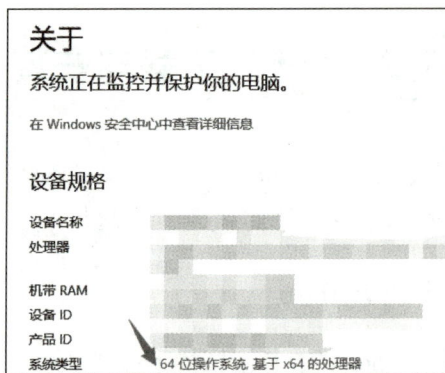

图 1-6   下载 Python 步骤 (4)

(5) 单击"Windows installer(64-bit)"进行下载，如图 1-7 所示 (因为这里是 Windows 64 位操作系统)。

图 1-7   下载 Python 步骤 (5)

(6) Python 安装包下载完成，如图 1-8 所示。

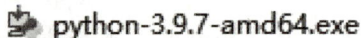

python-3.9.7-amd64.exe

图 1-8   下载 Python 步骤 (6)

1.2.2　安装 Python

安装 Python 的步骤如下：

(1) 如图 1-9 所示，右键单击 Python 安装包，然后选择"以管理员身份运行"，或者双击 Python 安装包。

图 1-9　安装 Python 步骤 (1)

(2) 如图 1-10 所示，勾选"Install launcher for all users(recommended)"和"Add Python 3.9 to PATH"选项，单击"Install Now"立即安装 (这里也可以单击"Customize installation"进行自定义安装，但安装路径尽量不要有中文和空格)。

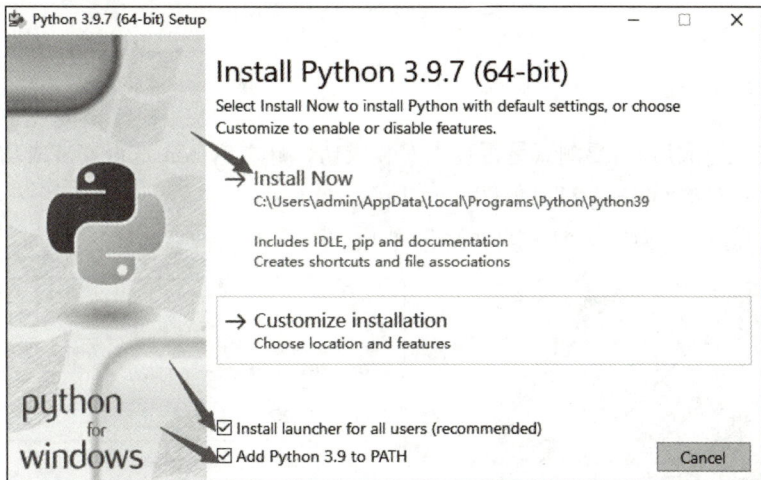

图 1-10　安装 Python 步骤 (2)

注意：勾选"Add Python 3.9 to PATH"的作用是在任何目录下都可以使用 python.exe。因为在 cmd 命令提示符中输入"python"后，系统先默认在当前目录下执行 python.exe，若找不到就会在 Python 内置模块中寻找，再找不到就会在 Path 环境变量配置的路径中查找。

(3) 显示如图 1-11 所示的安装进度条。

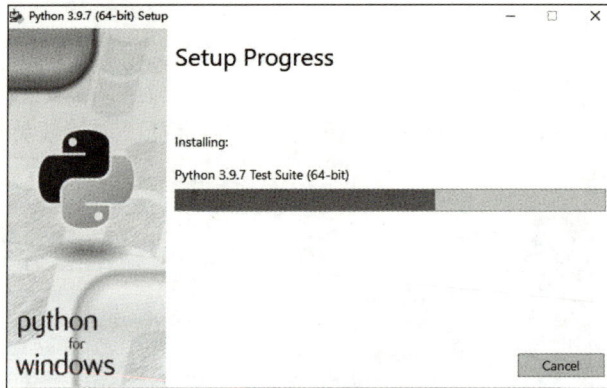

图 1-11　安装 Python 步骤 (3)

(4) 等待一段时间后，显示图 1-12 所示的安装成功页面。

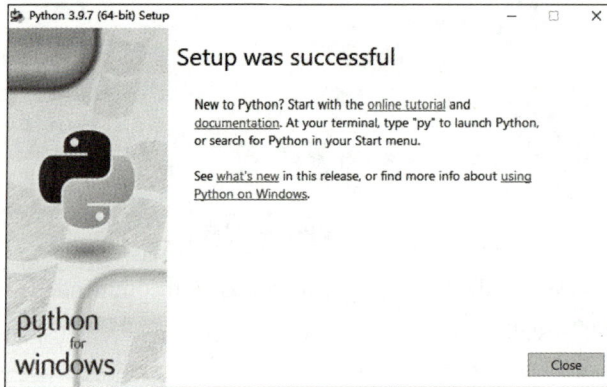

图 1-12　安装 Python 步骤 (4)

1.2.3　测试 Python

Python 安装完成后，需要测试是否真正安装成功。测试 Python 是否安装成功的步骤如下：

(1) 按下快捷键"Win + R"，如图 1-13 所示。

(2) 输入"cmd"并单击"确定"，如图 1-14 所示。

图 1-13　测试 Python 步骤 (1)

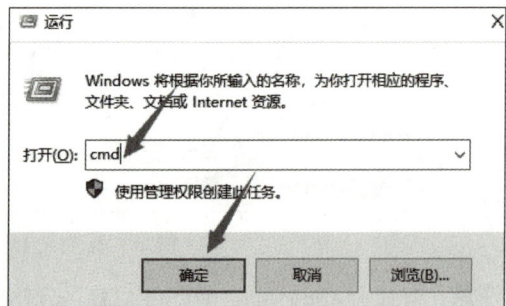

图 1-14　测试 Python 步骤 (2)

(3) 如图 1-15 所示，在打开的 cmd 命令提示符窗口中，输入"python"或者"python.exe"，再按"Enter"键。此时如果看到 Python 安装包信息，则表示安装成功。

```
C:\Users\admin>python
Python 3.9.7 (tags/v3.9.7:1016ef3, Aug 30 2021, 20:19:38) [MSC v.1929 64 bit (AMD64)] on win32
Type "help", "copyright", "credits" or "license" for more information.
>>>
```

图 1-15　测试 Python 步骤 (3)

1.2.4　配置 Python 的 Path 环境变量

安装 Python 时，没有勾选"Add Python 3.9 to PATH"选项也没关系，还可以手动进行
Path 环境变量的配置。

(1) 右键单击"此电脑"，选择"属性"，如图 1-16 所示。

(2) 单击"高级系统设置"，如图 1-17 所示。

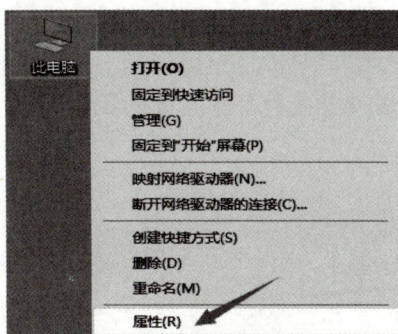

图 1-16　配置 Path 步骤 (1)

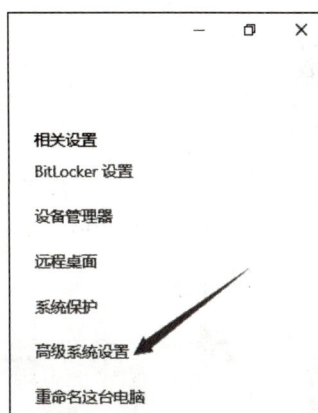

图 1-17　配置 Path 步骤 (2)

(3) 选择"高级"页面的"环境变量"，如图 1-18 所示。

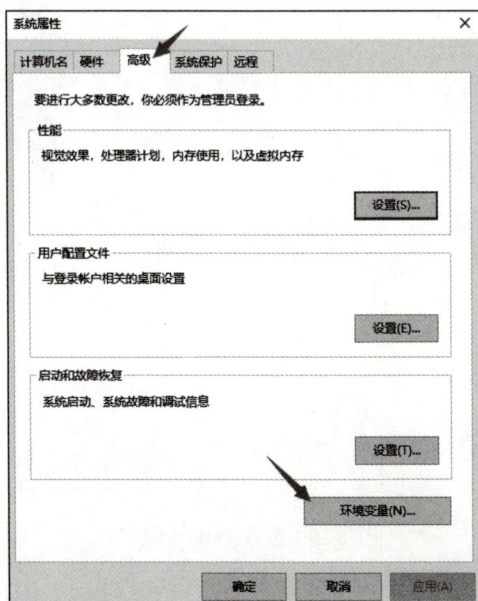

图 1-18　配置 Path 步骤 (3)

(4) 编辑用户变量和系统变量中的 Path 都可以，这里编辑 admin 用户变量中的 "Path" 变量，如图 1-19 所示。

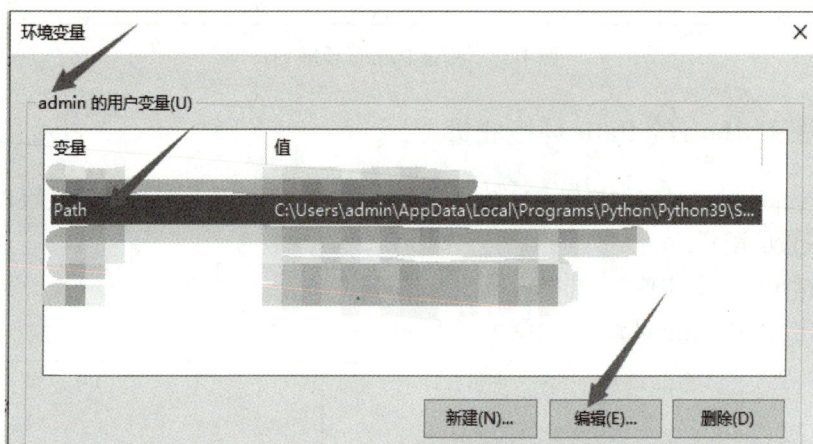

图 1-19　配置 Path 步骤 (4)

注意： 用户变量是针对当前用户生效；系统变量是针对所有用户生效。

(5) 单击 "新建"，如图 1-20 所示。

图 1-20　配置 Path 步骤 (5)

(6) 如图 1-21 所示，通常配置 Python 安装的主目录 (即图 1-10 的安装路径) 和 Python 安装的主目录下的 Scripts，并将它们 "上移" 到最上面，最后单击 "确定"。因为搜索路径时是按照 Path 路径的顺序来搜索的，而最上面的优先级最高。

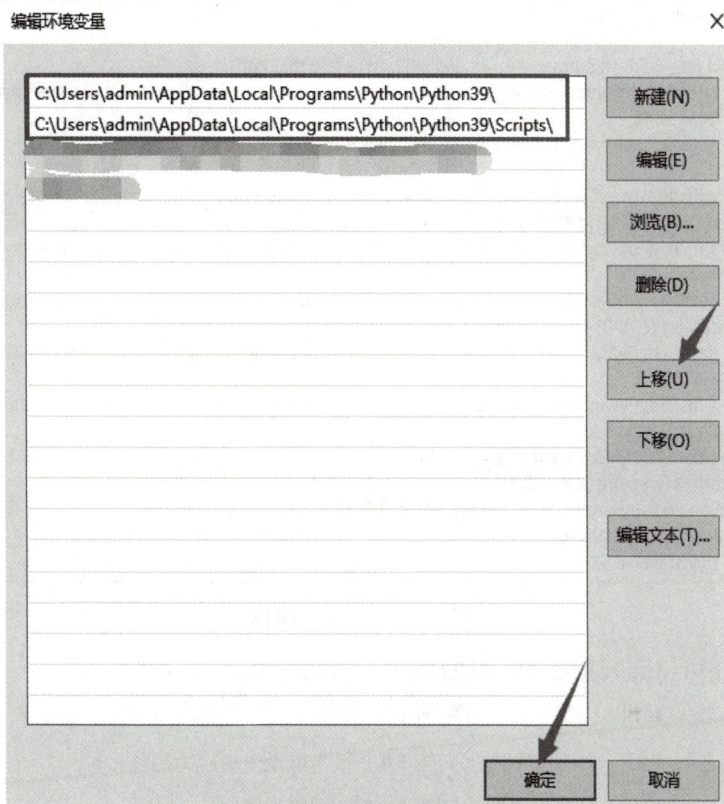

图 1-21　配置 Path 步骤 (6)

(7) 如图 1-22 所示，在 cmd 命令提示符中，输入"python"或者"python.exe"，如果看到 python 版本信息，则表示 Path 环境变量配置成功。

```
C:\Users\admin>python.exe
Python 3.9.7 (tags/v3.9.7:1016ef3, Aug 30 2021, 20:19:38) [MSC v.1929 64 bit (AMD64)] on win32
Type "help", "copyright", "credits" or "license" for more information.
>>>
```

图 1-22　配置 Path 步骤 (7)

1.2.5　pip 命令安装与管理扩展包

在 cmd 命令提示符窗口中使用 pip(package installer for python，Python 包安装工具) 可以安装和管理 Python 的扩展包。pip 是一个命令行程序，是 Python 的包管理工具，一般随 Python 安装而安装。

下面介绍几个常用的 pip 组合命令。

(1) install：安装命令。其语法格式为：

pip install 包名　　　　　　　　#默认安装最新版本

示例：在 cmd 命令提示符窗口中，运行"pip install pyinstaller"命令来安装 pyinstaller

包，当显示"Successfully installed"时表示安装成功，如图 1-23 所示。

```
C:\Users\admin>pip install pyinstaller
Collecting pyinstaller
   Using cached pyinstaller-6.5.0-py3-none-win_amd64.wh1.metadata (8.3 kB)
Requirement already satisfied: setuptoo1s>=42.0.0 in c:\users\admin\appdata\1ocal\programs\python\python39\lib\site-pack
ages (from pyinstaller) (57.4.0)
Requirement already satisfied: altgraph in c:\users\admin\appdata\local\programs\python\python39\lib\site-packages (from
pyinstaller) (0.17.4)
Requirement already satisfied: pyinstaller-hooks-contrib>=2024.3 in c:\users\admin\appdata\local\programs\python\python3
9\lib\site-packages (from pyinstaller) (2024.3)
Requirement already satisfied: packaging>=22.0 in c:\users\admin\appdata\local\programs\python\python39\lib\site-package
s (from pyinstaller) (24.0)
Requirement already satisfied: importlib-metadata>=4.6 in c:\users\admin\appdata\local\programs\python\python39\lib\site
-packages (from pyinstaller) (7.1.0)
Requirement already satisfied: pefile>=2022.5.30 in c:\users\admin\appdata\local\programs\python\python39\lib\site-packa
ges (from pyinstaller) (2023.2.7)
Requirement already satisfied: pywin32-ctypes>=0.2.1 in c:\users\admin\appdata\local\programs\python\python39\lib\site-p
ackages (from pyinstaller) (0.2.2)
Requirement already satisfied: zipp>=0.5 in c:\users\admin\appdata\local\programs\python\python39\lib\site-packages (fro
m importlib-metadata>=46->pyinstaller) (3.18.1)
Using cached pyinstaller-6.5.0-py3-none-win_amd64.whl (1.3 MB)
Installing collected packages: pyinstaller
Successfully installed pyinstaller-6.5.0
```

图 1-23   pip 安装 pyinstaller 包

特别地，还可以安装指定的安装包版本。其语法格式为：

```
pip install 包名 ==1.0.1        # 指定安装 1.0.1 版本

pip install 包名 >=1.0.1        # 表示安装 1.0.1 版本以及 1.0.1 以后的版本

pip install 包名 >1.0.1         # 表示安装 1.0.1 以后的版本

pip install 包名 <=1.0.1        # 表示安装 1.0.1 版本以及 1.0.1 以前的版本

pip install 包名 <1.0.1         # 表示安装 1.0.1 以前的版本
```

(2) show：查看安装包信息的命令。其语法格式为：

```
pip show 包名
```

示例：在 cmd 命令提示符窗口中，运行"pip show pyinstaller"命令来查看第 (1) 步已经安装好的 pyinstaller 包，可以看到 pyinstaller 包的 Version 版本和 Location 路径信息等，如图 1-24 所示。

```
C:\Users\admin>pip show pyinstaller
Name: pyinstaller
Version: 6.5.0
Summary: PyInstaller bundles a Python application and all its dependencies into a single package.
Home-page: https://www.pyinstaller.org/
Author: Hartmut Goebel, Giovanni Bajo, David Vierra, David Cortesi, Martin Zibricky
Author-email:
License: GPLv2-or-later with a special exception which allows to use PyInstaller to build and distribute non-free progra
ms (including commercial ones)
Location: c:\users\admin\appdata\local\programs\python\python39\lib\site-packages
```

图 1-24   pip 查看 pyinstaller 包

(3) uninstall：卸载安装包命令。其语法格式为：

> pip uninstall 包名

示例：在 cmd 命令提示符窗口中，运行"pip uninstall pyinstaller"命令，再输入"y"来卸载第 (1) 步已经安装好的 pyinstaller 包，最后显示"Successfully uninstalled"，表示成功卸载，如图 1-25 所示。

```
C: \Users\admin>pip uninstall pyinstaller
Found existing installation: pyinstaller 6.5.0
Uninstalling pyinstaller-6.5.0:
  Would remove:
    c: \users\admin\appdata\local\programs\python\python39\lib\site-packages\pyinstaller-6.5.0. dist-info\*
    c: \users\admin\appdata\local\programs\python\python39\lib\site-packages\pyinstaller\*
    c: \users\admin\appdata\local\programs\python\python39\scripts\pyi-archive_viewer.exe
    c: \users\admin\appdata\local\programs\python\python39\scripts\pyi-bindepend.exe
    c: \users\admin\appdata\local\programs\python\python39\scripts\pyi-grab_version.exe
    c: \users\admin\appdata\local\programs\python\python39\scripts\pyi-makespec.exe
    c: \users\admin\appdata\local\programs\python\python39\scripts\pyi-set_version.exe
    c: \users\admin\appdata\local\programs\python\python39\scripts\pyinstaller.exe
Proceed (Y/n)? y
Successfully uninstalled pyinstaller-6.5.0
```

图 1-25　pip 卸载 pyinstaller 包

(4) list：查看当前已安装包的列表。其语法格式为：

> pip list

示例：在 cmd 命令提示符窗口中，运行"pip list"命令后，可以看到已经安装的包列表以及对应的包版本，因为在第 (3) 步已经卸载 pyinstaller 包，所以此时 pyinstaller 包已经不在包列表中，如图 1-26 所示。

```
C:\Users\admin>pip list
Package                      Version
---------------------------- --------------------
aiohttp                      3.8.1
aiosignal                    1.2.0
alabaster                    0.7.12
anaconda-client              1.9.0
anaconda-navigator           2.1.4
anaconda-project             0.10.2
anyio                        3.5.0
appdirs                      1.4.4
argon2-cffi                  21.3.0
argon2-cffi-bindings         21.2.0
arrow                        1.2.2
astroid                      2.6.6
astropy                      5.0.4
```

图 1-26　pip 查看已安装的包列表

如需查看更多关于 pip 的帮助文档，可在 cmd 命令提示符中输入"pip"或"pip -h"或"pip --help"命令，如图 1-27 所示。

```
C:\Users\admin>pip

Usage:
  pip <command> [options]

Commands:
  install          Install packages.
  download         Download packages.
  uninstall        Uninstall packages.
  freeze           Output installed packages in requirements format.
  list             List installed packages.
  show             Show information about installed packages.
  check            Verify installed packages have compatible dependencies.
  config           Manage local and global configuration.
  search           Search PyPI for packages.
  cache            Inspect and manage pip's wheel cache.
  index            Inspect information available from package indexes.
  wheel            Build wheels from your requirements.
  hash             Compute hashes of package archives.
  completion       A helper command used for command completion.
  debug            Show information useful for debugging.
  help             Show help for commands.
```

图 1-27　pip 帮助文档

1.3　IDLE 开发环境

本节介绍 Python 自带的 IDLE 开发环境的概念，并重点讲解 IDLE 开发环境的使用。

1.3.1　IDLE 简介

IDLE(Intergrated Development and Learning Environment) 是 Python 官方提供的集成开发环境，它是 Python 自带的开发工具，Python 安装后即可使用。

1.3.2　IDLE 创建 Python 程序

下面介绍 IDLE 开发环境的打开、关闭，以及在 IDLE 开发环境下新建 Python 文件、编写 Python 代码、保存 Python 文件和运行 Python 程序的方法。

(1) 安装 Python 后，在开始菜单中找到"IDLE"，如图 1-28 所示。或者在搜索框中搜索"IDLE"。

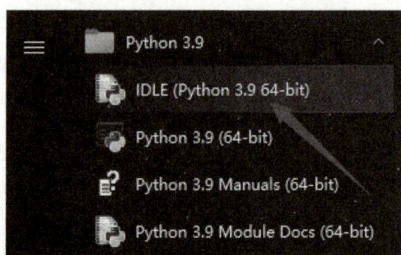

图 1-28　在开始菜单中找到 IDLE

(2) 找到或搜索到 IDLE 后，左键单击"IDLE"即可打开 IDLE，此时处于测试模式，如图 1-29 所示。

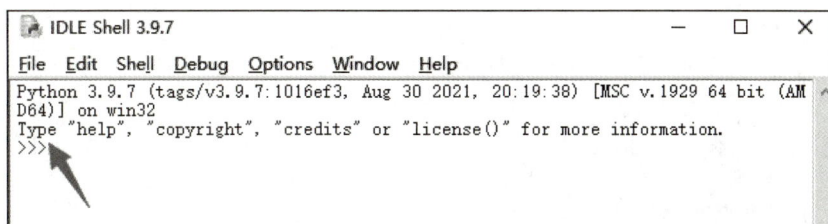

图 1-29　IDLE 开发环境

(3) 打开 IDLE 后，选择 IDLE 菜单栏中的"File"→"New File"（或按快捷键 Ctrl + N），如图 1-30 所示。

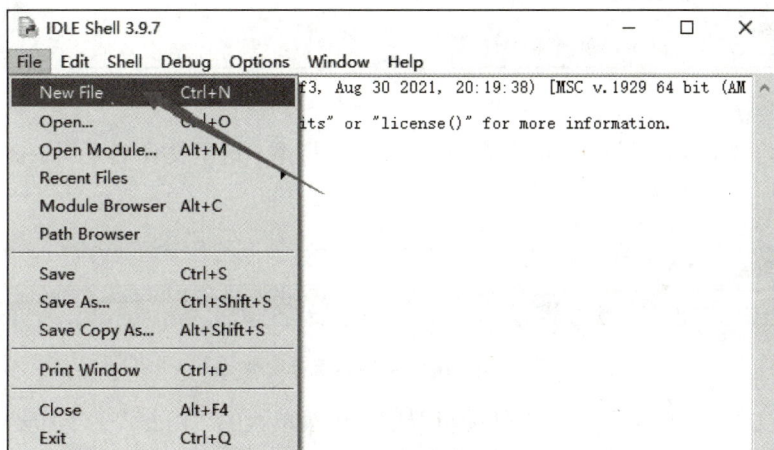

图 1-30　新建文件命令

(4) 单击"New File"（或按 Ctrl + N) 后，即可打开一个可以编辑 Python 代码的空白文件编辑器窗口，该文件名默认为 untitled，如图 1-31 所示。

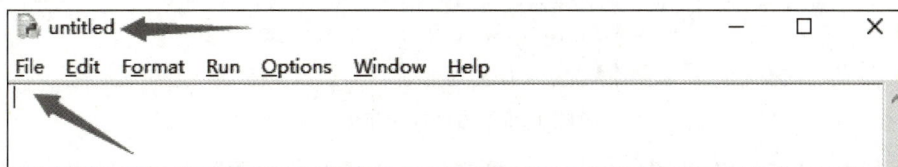

图 1-31　空白文件编辑器窗口

(5) 在 untitled 文件编辑器窗口中编写 Python 代码，如图 1-32 所示。

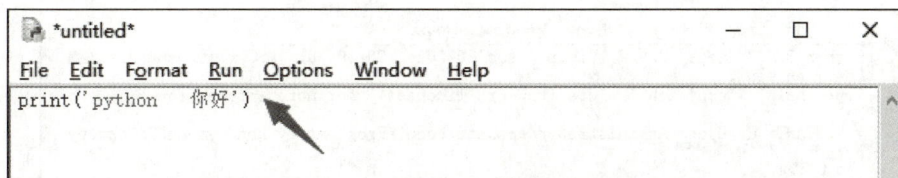

图 1-32　编写 Python 代码

(6) 编写完 Python 代码后，单击 untitled 文件编辑器窗口中菜单栏的"File"→"Save"（或用快捷键 Ctrl + S)，如图 1-33 所示。

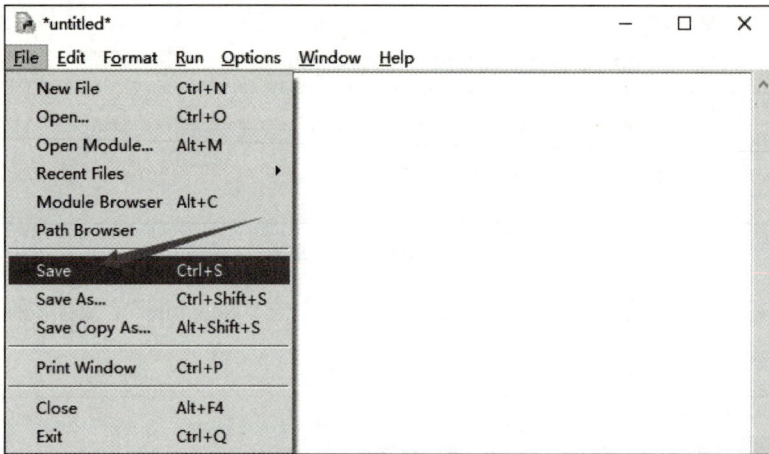

图 1-33　保存文件命令

(7) 编辑好文件名，保存时默认是 Python Files 类型 (这里文件名采用 test)，如图 1-34 所示。

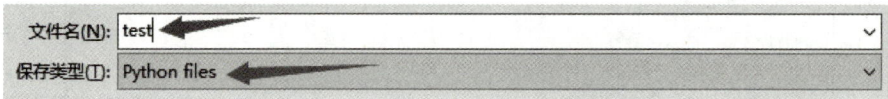

图 1-34　编辑文件名保存文件

(8) 保存文件后，单击 test.py 文件编辑器窗口中菜单栏的"Run"→"Run Module"(或用快捷键 F5) 来运行程序，如图 1-35 所示。

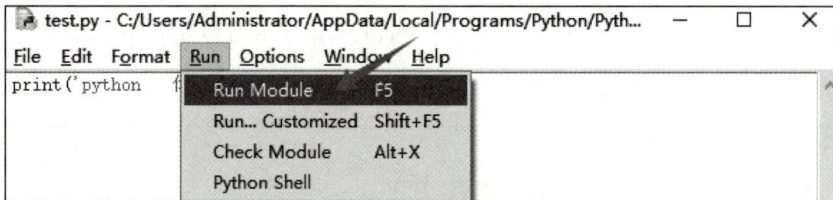

图 1-35　运行程序命令

(9) 此时在 IDLE Shell 窗口中就能看到文件的路径提示和文件的运行结果，如图 1-36 所示。

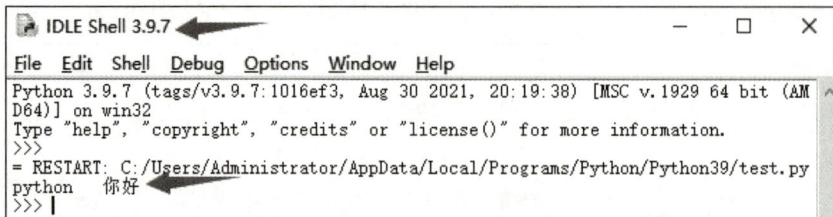

图 1-36　文件运行结果

(10) 若要退出 IDLE，则单击 IDLE 菜单栏中的"File"→"Exit"（或用快捷键 Ctrl + Q），即可关闭 IDLE 窗口，如图 1-37 所示。

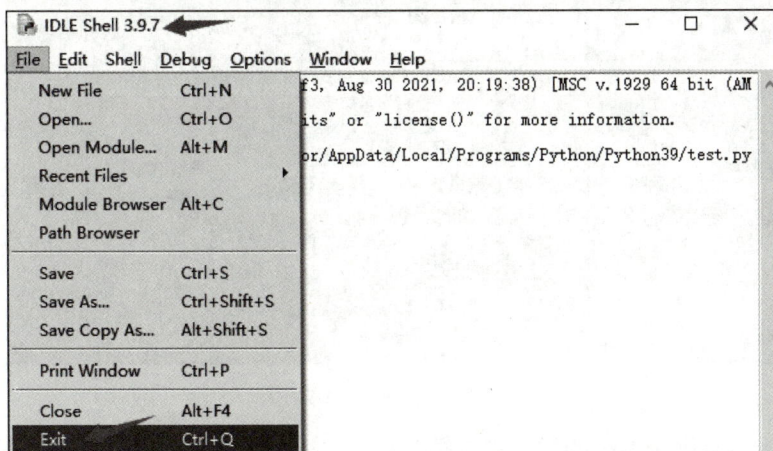

图 1-37　退出 IDLE

1.4　Anaconda3 集成环境

本节重点讲解一个基于 Python 的科学计算和数据分析的集成开发环境 Anaconda3 的下载、安装、测试，配置 Path 环境变量，以及使用图形化界面、conda 命令管理虚拟环境和包。

1.4.1　下载 Anaconda3

下载 Anaconda3 的操作步骤如下：

(1) 进入 Anaconda3 的官方网站 https://www.anaconda.com/，并单击"Free Download"，如图 1-38 所示。

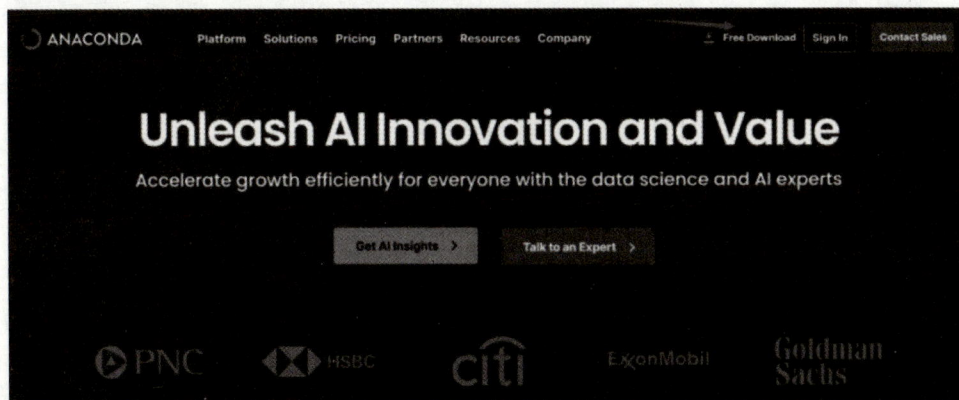

图 1-38　打开 Anaconda3 官方网站

(2) 单击如图 1-39 所示的页面左下角的 Windows、Mac 和 Linux 操作系统的图标。

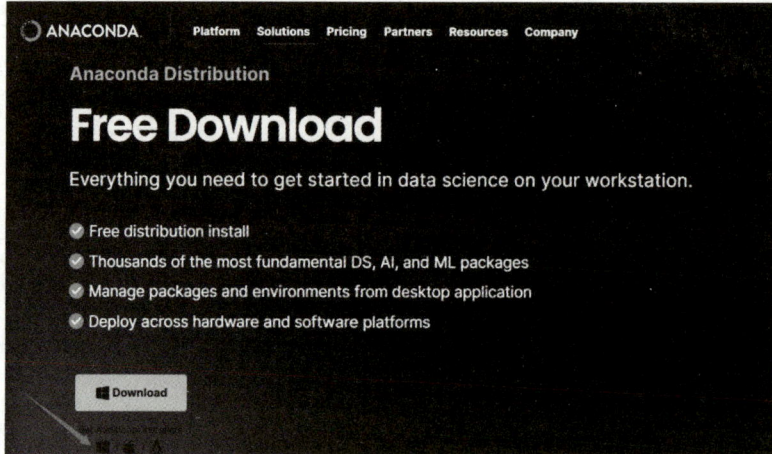

图 1-39　单击操作系统图标

(3) 根据计算机操作系统的类型来选择对应的 Anaconda3 下载，然后等待下载完成即可（这里根据 Windows 系统下载），如图 1-40 所示。

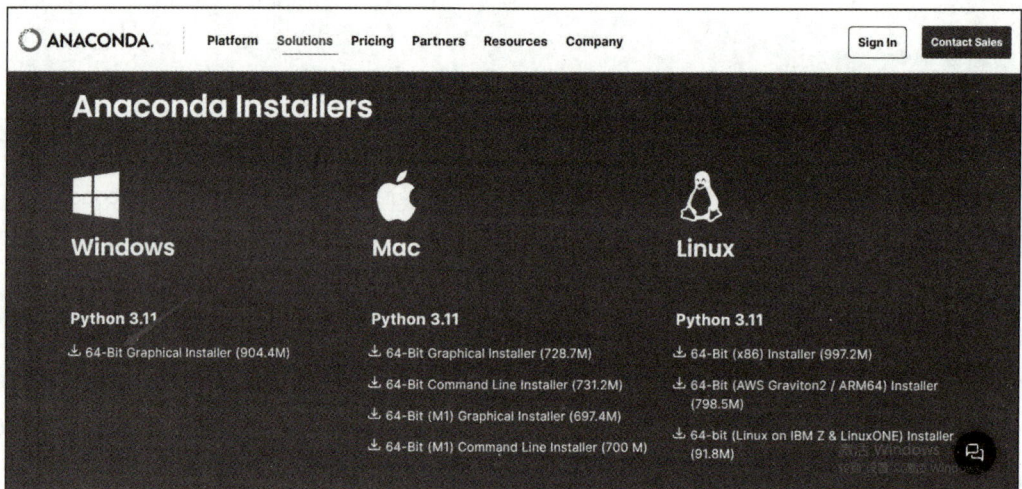

图 1-40　选择版本并下载 Anaconda3

(4) Anaconda3 安装包下载完成，如图 1-41 所示。

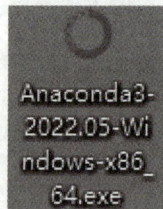

图 1-41　Anaconda3 安装包

1.4.2　安装 Anaconda3

安装 Anaconda3 的操作步骤如下：

(1) 如图 1-42 所示，右键单击 Anaconda3 安装包，然后选择"以管理员身份运行"。或者双击 Anaconda3 安装包。

图 1-42　以管理员身份运行 Anaconda3

(2) 出现如图 1-43 所示的界面，单击"Next"。

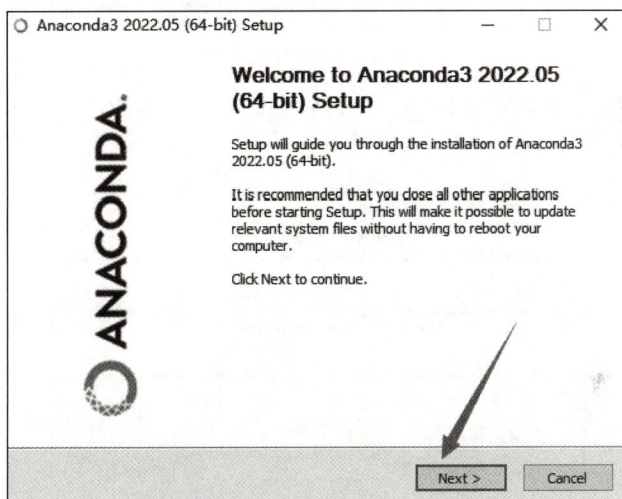

图 1-43　Anaconda3 安装开始界面

(3) 单击"I Agree"，如图 1-44 所示。

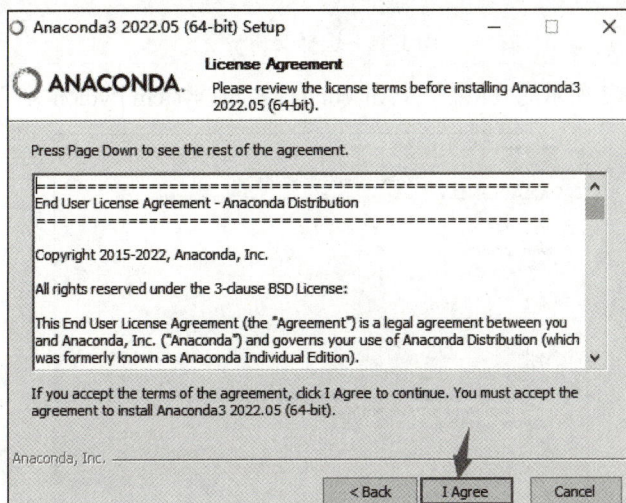

图 1-44　单击"I Agree"

(4) 单击"All Users"→"Next"，如图 1-45 所示。

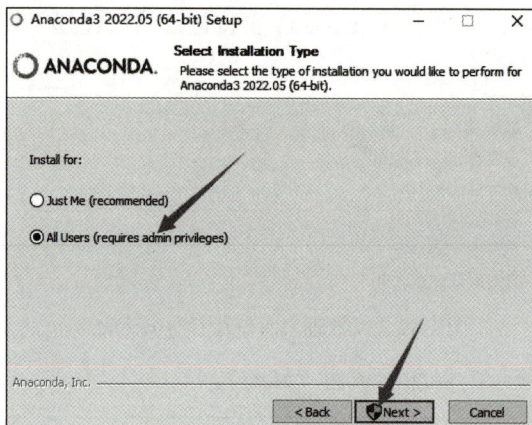

图 1-45　选择安装类型

(5) 如图 1-46 所示，选择安装路径，可以默认，也可以自定义，但不要出现汉字、空格等，再单击"Next"。

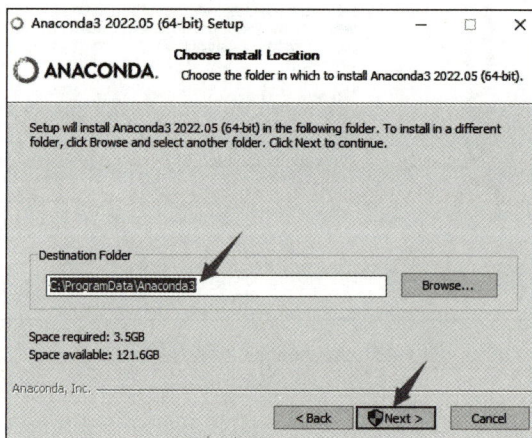

图 1-46　选择安装路径

(6) 勾选如图 1-47 所示的"Register Anaconda3 as the system Python 3.9"，再单击"Install"。

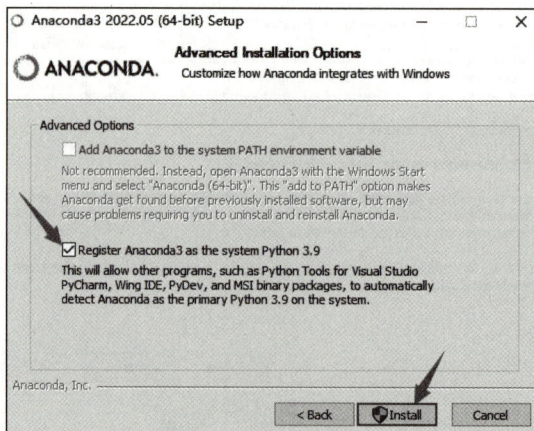

图 1-47　高级安装选项

(7) 显示如图 1-48 所示的安装进度条。

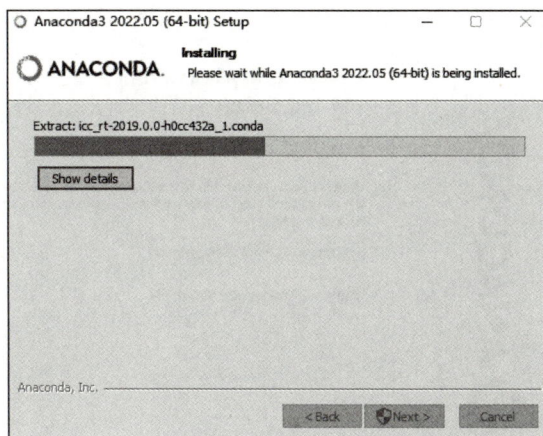

图 1-48　安装进度条

(8) 继续等待安装，最终显示安装完成的界面，再单击"Next"，如图 1-49 所示。

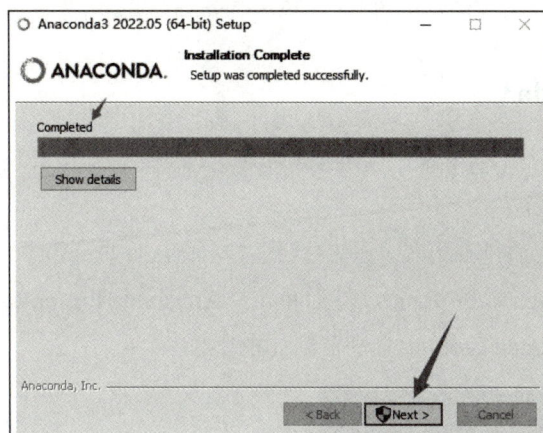

图 1-49　安装完成界面

(9) 单击如图 1-50 所示的"Next"。

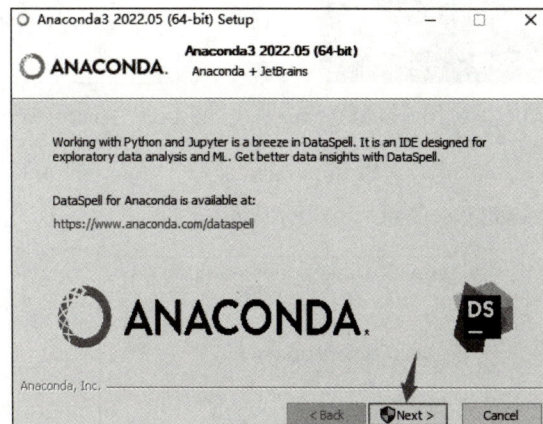

图 1-50　单击"Next"

(10) 单击如图 1-51 所示的 "Finish"，即可完成安装。

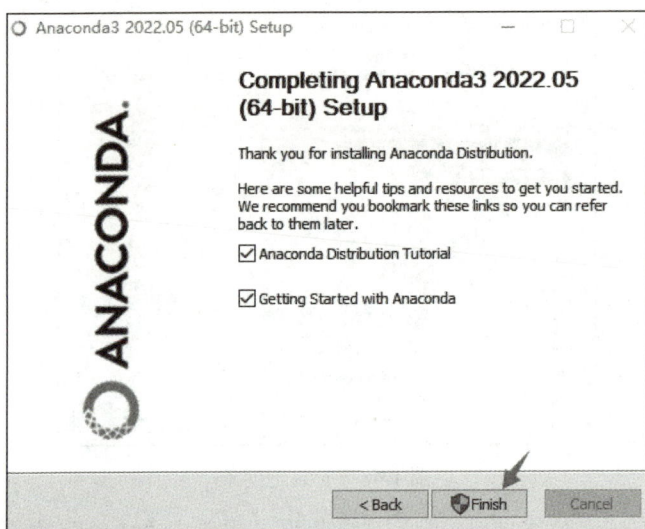

图 1-51   单击 "Finish"

1.4.3   测试 Anaconda3

Anaconda3 安装完成后，需要进一步测试 Anaconda3 是否真正安装成功。测试 Anaconda3 是否安装成功的步骤如下：

(1) 安装 Anaconda3 后，在开始菜单中找到 "Anaconda Prompt"，如图 1-52 所示。或者在搜索框中搜索 "Anaconda Prompt"，然后单击 "Anaconda Prompt(anaconda)"。

(2) 打开后的 Anaconda Prompt 命令窗口如图 1-53 所示。

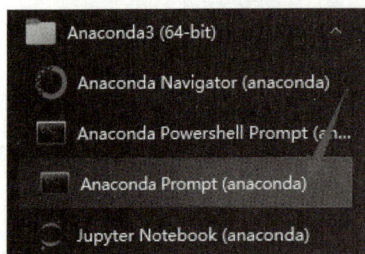

图 1-52   在开始菜单中找到 Anaconda Prompt

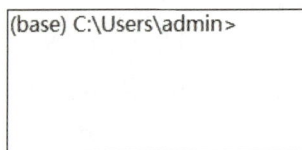

图 1-53   Anaconda Prompt 命令窗口

(3) 如图 1-54 所示，在 Anaconda Prompt 命令窗口中输入 "conda -V" 后，再按 "Enter" 键。如果看到 Anaconda3 的版本信息，则表示安装成功。

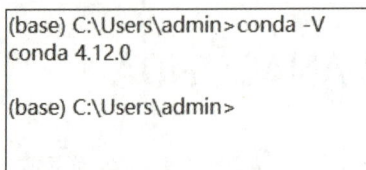

图 1-54   测试 Anaconda3

1.4.4　配置 Anaconda3 的 Path 环境变量

配置 Anaconda3 的 Path 环境变量的操作步骤如下：

(1) 右键单击"此电脑"，选择"属性"，如图 1-55 所示。

(2) 单击"高级系统设置"，如图 1-56 所示。

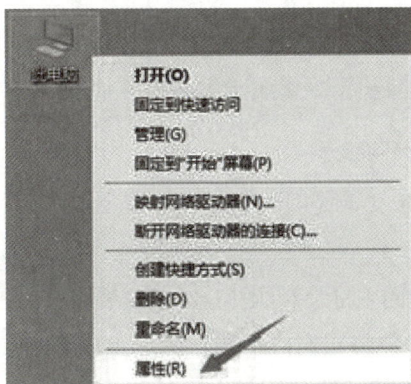

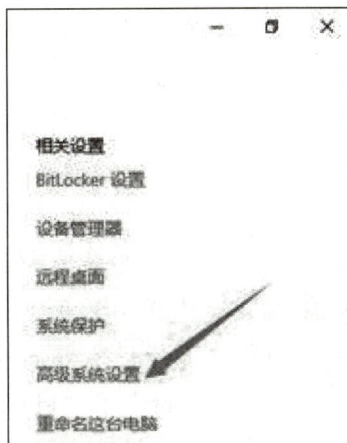

图 1-55　右键单击，选择"属性"　　　　图 1-56　单击"高级系统设置"

(3) 选择"高级"页面的"环境变量"，如图 1-57 所示。

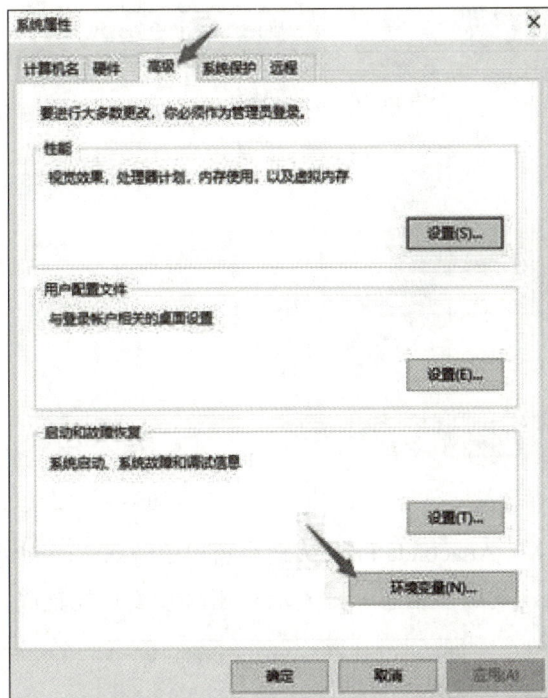

图 1-57　选择"高级"→"环境变量"

(4) 编辑用户变量和系统变量中的 Path 都可以，这里编辑 admin 的用户变量中的"Path"
变量，如图 1-58 所示。

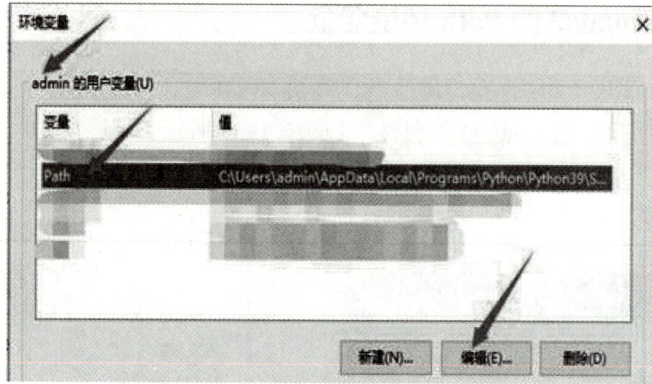

图 1-58   选择环境变量

注意： 用户变量是针对当前用户生效；系统变量是针对所有用户生效。

(5) 单击"新建"，如图 1-59 所示。

(6) 如图 1-60 所示，通常配置 Anaconda3 安装的主目录（即图 1-46 的安装路径）、Anaconda3 安装的主目录下的"Scripts"和"Library\bin"，并将它们"上移"到最上面，最后单击"确定"。因为搜索路径时是按照 Path 路径的顺序来搜索的，而最上面的优先级最高。

图 1-59   新建环境变量

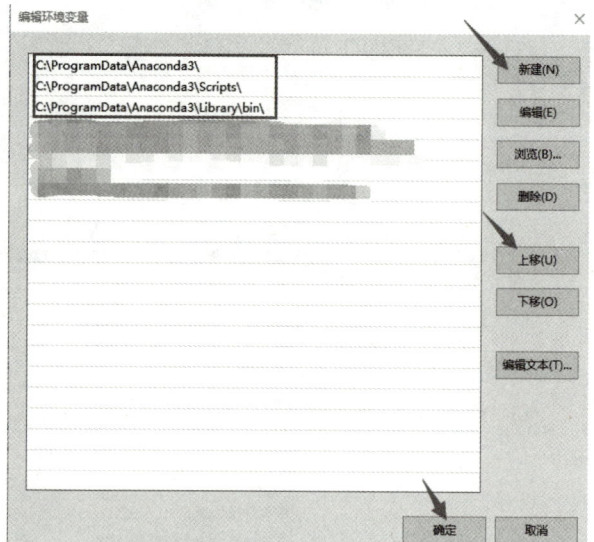

图 1-60   配置 Path 路径

(7) 如图 1-61 所示，在 Anaconda Prompt 命令窗口中输入"conda -V"后，再按"Enter"键。如果看到 Anaconda3 的版本信息，则表示 Path 环境变量配置成功。

```
(base) C:\Users\admin>conda -V
conda 4.12.0

(base) C:\Users\admin>
```

图 1-61   测试 Path 环境变量配置是否成功

1.4.5　图形化界面管理虚拟环境和包

　　Anaconda Navigator 是图形化界面的虚拟环境和包管理器，可以创建不同的虚拟环境，这些虚拟环境之间互不干扰，可解决 Python 版本不能向后兼容的问题。

　　下面介绍图形化界面的虚拟环境的创建、激活、克隆和删除。

　　(1) 如图 1-62 所示，在开始菜单中找到"Anaconda Navigator"。 或 者 在 搜 索 框 中 搜 索"Anaconda Navigator"。

图 1-62　找到 Anaconda Navigator

　　(2) 如 图 1-63 所 示，找 到 或 搜 索 到 Anaconda Navigator 后，单击"Anaconda Navigator"，再单击"Environments"即可打开虚拟环境和包管理页。

　　(3) 如图 1-64 所示，若要创建虚拟环境，则首先单击页面左下角的"Create"，然后在弹出的"Create new environment"窗口中给环境命名 (这里命名为 e)，最后单击窗口右下角的"Create"。需要注意的是可以指定 Pyhton 版本 (这里指定 3.9.19 版本)。

图 1-63　虚拟环境和包管理页

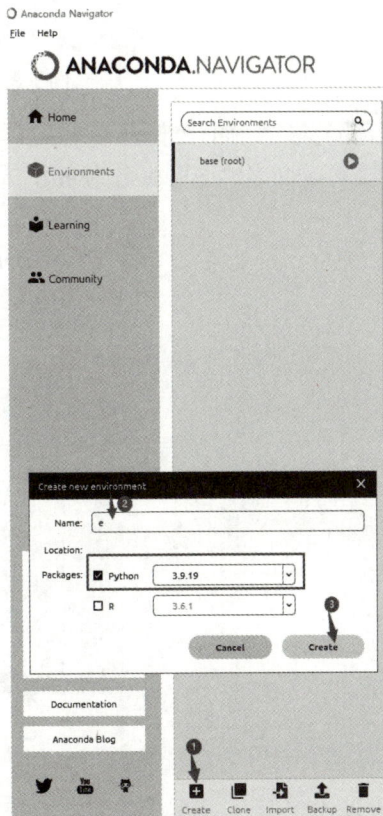

图 1-64　创建虚拟环境

　　(4) 若要激活虚拟环境，则选中相应的虚拟环境即可，而没被选中的虚拟环境就被视为退出当前这个环境，如图 1-65 所示。

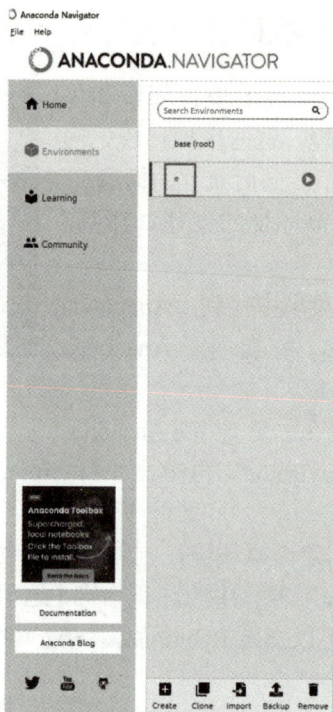

图 1-65　激活虚拟环境

(5) 若要克隆当前的虚拟环境，则首先单击页面左下角的"Clone"，然后在弹出的窗口中给克隆环境命名 (这里命名为 ee)，最后单击窗口右下角的"Clone"，如图 1-66 所示。

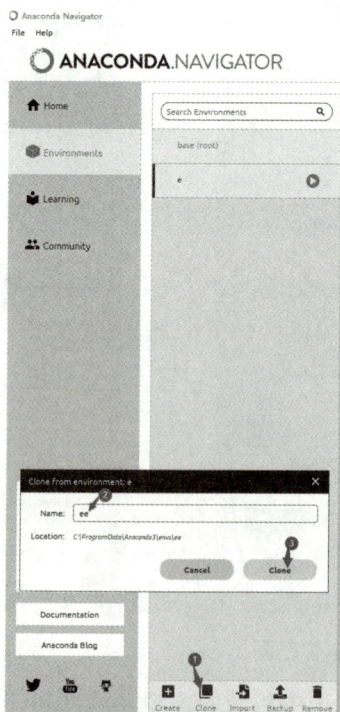

图 1-66　克隆虚拟环境

(6) 若要激活克隆的虚拟环境，则选中相应的克隆虚拟环境即可，如图 1-67 所示。

(7) 若要删除虚拟环境，则首先选中该虚拟环境，然后单击页面右下角的"Remove"，最后单击弹出窗口中的"Remove"，如图 1-68 所示。

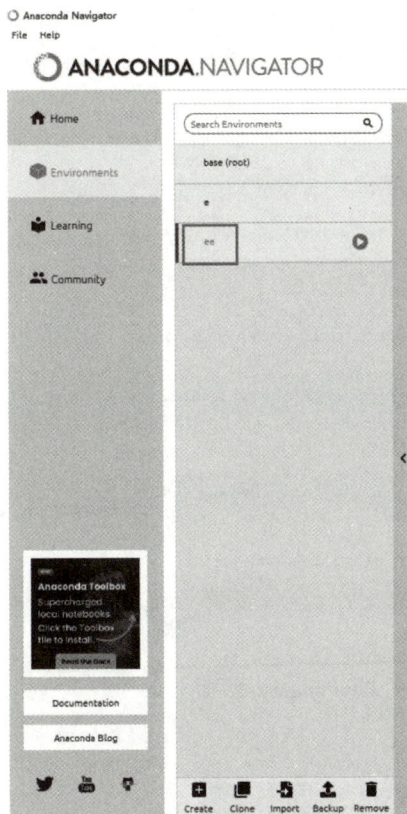

图 1-67　激活克隆的虚拟环境　　　　　　　　图 1-68　删除虚拟环境

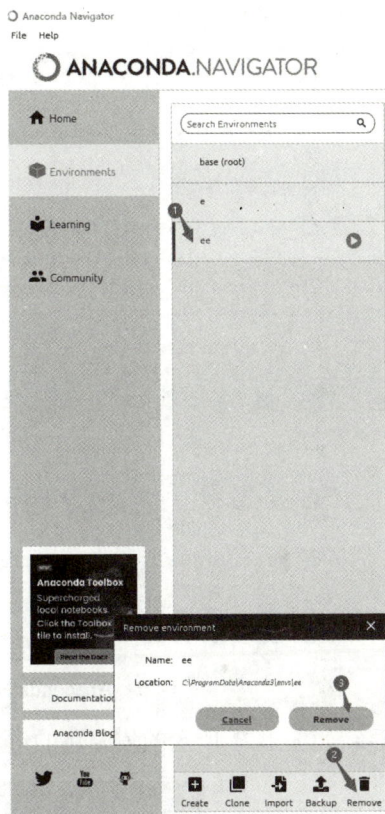

下面介绍图形化界面的包的安装、卸载与更新。

(1) 如图 1-69 所示，在开始菜单中找到"Anaconda Navigator"。或者在搜索框中搜索"Anaconda Navigator"。

图 1-69　找到 Anaconda Navigator

(2) 打开 Anaconda Navigator 后，单击"Environments"页面，如图 1-70 所示，选择"All"可以看到已安装、可更新和未安装的包。此时，单击包前面的小框，再单击页面右下角的"Apply"即可进行包的安装。

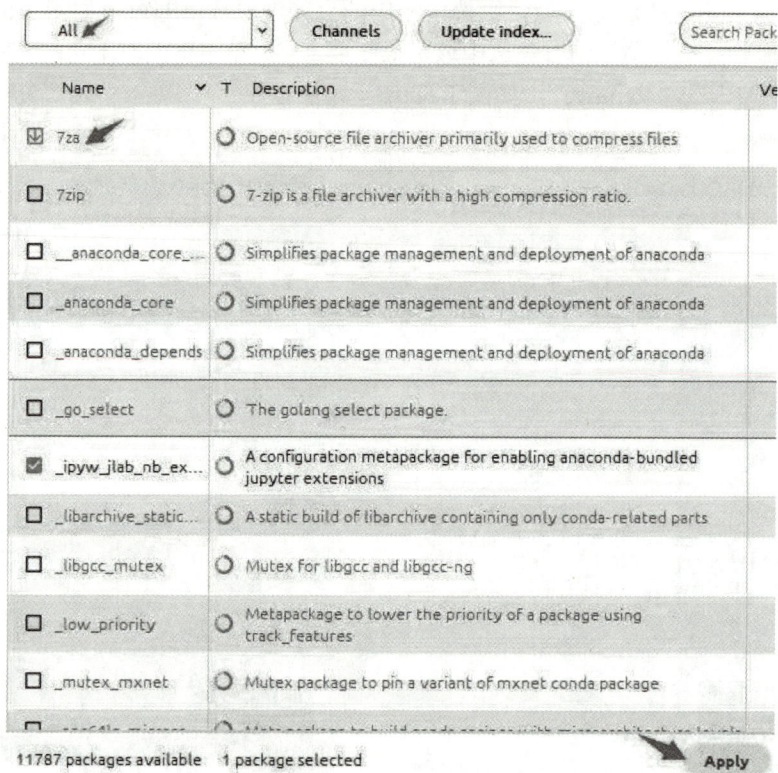

图 1-70   Anaconda Navigator 的 Environments 页面

(3) 显示如图 1-71 所示的安装包的进度条。

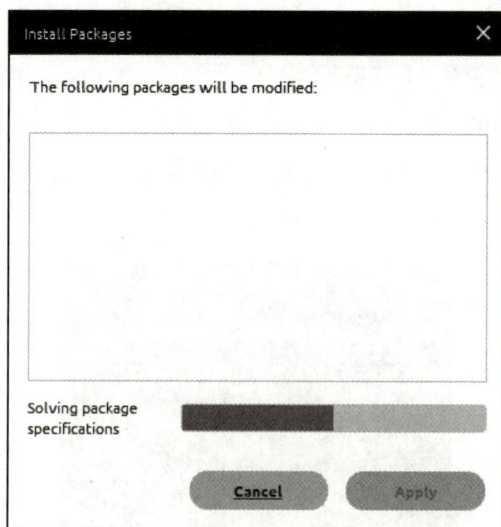

图 1-71   安装包进度条

(4) 单击如图 1-72 所示的右下角的"Apply"即可完成包的安装。

(5) 若需要卸载或更新已安装的安装包，则右键单击相应的安装包，再选择卸载或更新即可。

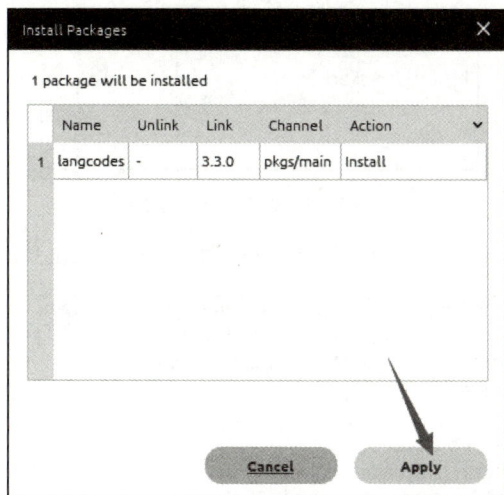

图 1-72　完成包安装

1.4.6　conda 命令管理虚拟环境和包

conda 命令是 anaconda3 的内置命令，主要用于虚拟环境和包的管理。

下面介绍使用 conda 命令对虚拟环境进行创建、激活、克隆、删除以及退出当前虚拟环境。

(1) 如图 1-73 所示，创建虚拟环境，其用法为：conda create -n 环境名。

```
(base) C:\Users\admin> conda create -n hj
Collecting package metadata (current_ repodatajson): done
Solving environment: done
==> WARNING: A newer version of conda exists. <==
 current version: 4.12.0
 latest version: 25.3.1
Please update conda by running
    $ conda update -n base -C defaults conda
## Package Plan ##
 environment location: C:\Users\admin\.conda\envs\hj
Proceed ([]/n)? y
Preparing transaction: done
Verifying transaction: done
Executing transaction: done
#
# To activate this environment, use
#
#
$ conda activate hj
#
# To deactivate an active environment, use
#
#
$ conda deactivate
```

图 1-73　创建虚拟环境

(2) 如图 1-74 所示，激活虚拟环境，其用法为：conda activate 环境名。

```
(base) C:\Users\admin>conda activate hj

(hj) C:\Users\admin>
```

图 1-74　激活虚拟环境

(3) 如图 1-75 所示，克隆虚拟环境，其用法为：conda create -n 克隆名 --clone 环境名。

```
(hj) C:\Users\admin> conda create -n hjhj --clone hj
Source:     C:\Users\admin\.conda\envs\hj
Destination: C:\Users\admin\.conda\envs\hjhj
Packages: 0
Files: 0
Preparing transaction: done
Verifying transaction: done
Executing transaction: done
#
# To activate this environment, use
#
# $ conda activate hjhj
#
# To deactivate an active environment, use
#
# $ conda deactivate
```

图 1-75　克隆虚拟环境

(4) 如图 1-76 所示，删除虚拟环境，其用法为：conda env remove --n 环境名。

```
(hj) C:\Users\admin> conda env remove -n hjhj

Remove all packages in environment C:\Users\admin\.conda\envs\hjhj:

(hj) C:\Users\admin>
```

图 1-76　删除虚拟环境

(5) 如图 1-77 所示，退出当前虚拟环境，其用法为：conda deactivate。

```
(hj) C:\Users\admin>conda deactivate
(base) C:\Users\admin>
```

图 1-77　退出当前虚拟环境

(6) 如图 1-78 所示，查看环境列表，其用法为：conda env list。

```
(base) C:\Users\admin>conda env list
# conda environments:
#
base            *  C:\ProgramData\Anaconda3
hj                 C:\Users\admin\.conda\envs\hj

(base) C:\Users\admin>
```

图 1-78　查看环境列表

下面介绍使用 conda 命令对包进行安装、查看、搜索和卸载。

(1) 如图 1-79 所示，安装包，其语法为：conda install 包名。

```
(base) C:\Users\admin>conda install numpy
Collecting package metadata (current_repodata.json): done
Solving environment: done

==> WARNING: A newer version of conda exists. <==
  current version: 4.12.0
  latest version: 25.3.1

Please update conda by running

    $ conda update -n base -c defaults conda

# All requested packages already installed.
```

图 1-79　安装包

特别地，可以安装指定版本的包，其语法为：conda install 包名＝版本号。

(2) 如图 1-80 所示，查看包，其语法为：conda list。

```
(base) C:\Users\admin>conda list
# packages in environment at C:\ProgramData\Anaconda3:
#
# Name                    Version         Build  Channel
_ipyw_jlab_nb_ext_conf    0.1.0           py39haa95532_0
aiohttp                   3.8.1           py39h2bbff1b_1
aiosignal                 1.2.0           pyhd3eb1b0_0
alabaster                 0.7.12          pyhd3eb1b0_0
anaconda                  2022.05         py39_0
anaconda-client           1.9.0           py39haa95532_0
```

图 1-80　查看包

(3) 如图 1-81 所示，搜索包，其语法为：conda search 包名。

```
(base) C:\Users\admin>conda search numpy
Loading channels: done
# Name                    Version           Build  Channel
numpy                     1.9.3  py27he0c0ee4_6  pkgs/main
numpy                     1.9.3  py27he0c0ee4_7  pkgs/main
numpy                     1.9.3  py27he78448b_2  pkgs/main
numpy                     1.9.3  py35h0e52b17_2  pkgs/main
numpy                     1.9.3  py35hd5b3723_7  pkgs/main
numpy                     1.9.3  py36hd5b3723_5  pkgs/main
numpy                     1.9.3  py36hd5b3723_6  pkgs/main
```

图 1-81　搜索包

(4) 如图 1-82 所示，卸载包，其语法为：conda remove 包名。

```
(base) C:\Users\admin>conda remove numpy
Collecting package metadata (repodata.json): done
Solving environment: done

## Package Plan ##

  environment location: C:\ProgramData\Anaconda3

  removed specs:
    - numpy
```

图 1-82　卸载包

更多关于 conda 的帮助文档可在 Anaconda Prompt 命令窗口中输入 "conda --help" 命令查看，如图 1-83 所示。

```
(base) C:\Users\admin>conda --help
usage: conda-script.py [-h] [-V] command ...

conda is a tool for managing and deploying applications, environments and packages.

Options:

positional arguments:
  command
    clean       Remove unused packages and caches.
    compare     Compare packages between conda environments.
```

图 1-83　conda 帮助文档

1.5　Jupyter Notebook

本节重点介绍 Jupyter Notebook 的概念、组成、特点以及使用。

1.5.1　简介

Jupyter Notebook 是一个开源的交互式笔记本应用程序，它允许用户以笔记本的形式编写和执行代码，并将代码、文本、图像、公式和可视化内容集成在一个文档中。Jupyter Notebook 支持多种编程语言，包括但不限于 Python、R、Julia 等，可以让用户在同一个界面中进行实验、数据分析、数据可视化、文档编写等工作。

1.5.2　组成部分

Jupyter Notebook 的界面由 6 个部分组成，如图 1-84 所示。

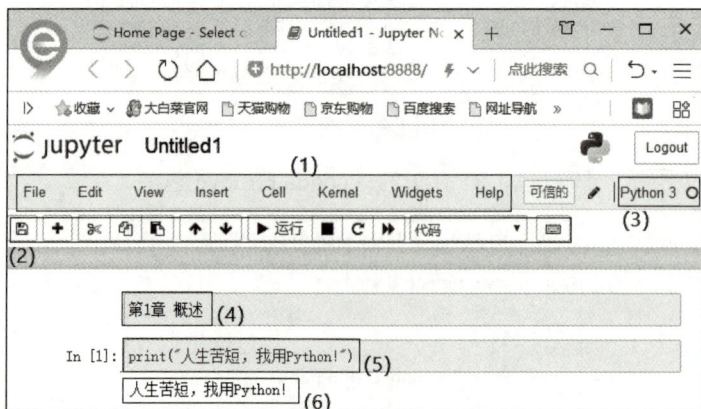

图 1-84　Jupyter Notebook 组成

(1) 菜单栏：包括 File、Edit、View、Insert、Cell、Kernel、Widgets 和 Help。

(2) 工具栏：包括保存、插入单元格、剪切单元格、复制单元格、粘贴到下面、上移单元格、下移单元格、运行、中断内核、重启内核、重启内核并重新运行整个 Notebook 以及打开命令配置 (有代码、Markdown、原生 NBConvert 和标题的模式设置)。

(3) 内核：它是 Jupyter Notebook 的计算引擎，负责解释和执行代码。Jupyter Notebook 支持多种编程语言，每种语言都有对应的内核。用户可以选择合适的内核来执行代码，以实现不同语言的编程和计算功能。

(4) Markdown 单元格：Markdown 单元格用于书写文本、公式、图像等内容，支持 Markdown 标记语言的基本语法。用户可以在 Markdown 单元格中添加段落、列表、链接、图片等元素，以及数学公式和 LaTeX 语法。

(5) 代码输入区域：用于输入代码程序。输入完成后，同时按下 Ctrl + Enter 键即可运行代码。

(6) 结果输出区域：用于显示代码单元格的执行结果，包括代码的输出、错误信息、图表、图像等内容。Jupyter Notebook 会自动将代码的执行结果显示在对应的输出区域中。

1.5.3　主要特点

Jupyter Notebook 的主要特点如下：

(1) 交互式编程环境：Jupyter Notebook 提供了一个交互式的编程环境，用户可以即时编写、执行和查看代码的运行结果。这种实时的反馈机制使得代码的调试和修改更加方便和快捷。

(2) 支持多种编程语言：Jupyter Notebook 不仅支持 Python，还支持多种其他编程语言，如 R、Julia、Scala 等。这使得采用不同编程语言的用户都可以使用 Jupyter Notebook 进行编程和数据分析工作。

(3) 结合代码与文本：Jupyter Notebook 将代码、文本、图像、公式和可视化内容集成在一个文档中，使得用户可以在同一个界面中进行实验、数据分析、文档编写等工作。用户可以在 Markdown 单元格中添加文本、公式和图像，以及在代码单元格中编写和执行代码，从而创建丰富多样的工作文档。

(4) 丰富的可视化能力：Jupyter Notebook 集成了多种数据可视化工具和库，如 Matplotlib、Seaborn、Plotly 等，用户可以轻松地生成各种图表和可视化效果，以更直观地展示数据分析结果。

(5) 灵活的导出选项：用户可以将 Jupyter Notebook 导出为多种格式，包括 HTML、PDF、Markdown 等，以便与其他人分享和交流工作成果。这种灵活的导出选项使得用户可以根据需要选择最合适的格式来保存和分享笔记本内容，如图 1-85 所示。

(6) 系统强大：Jupyter Notebook 有一个庞大的社区和系统，用户可以从中获取各种扩展和插件，以满足不同的需求和场景。这些扩展和插件包括编辑器增强、语法高亮、集成其他工具等，可以大大提升用户的工作效率和体验。

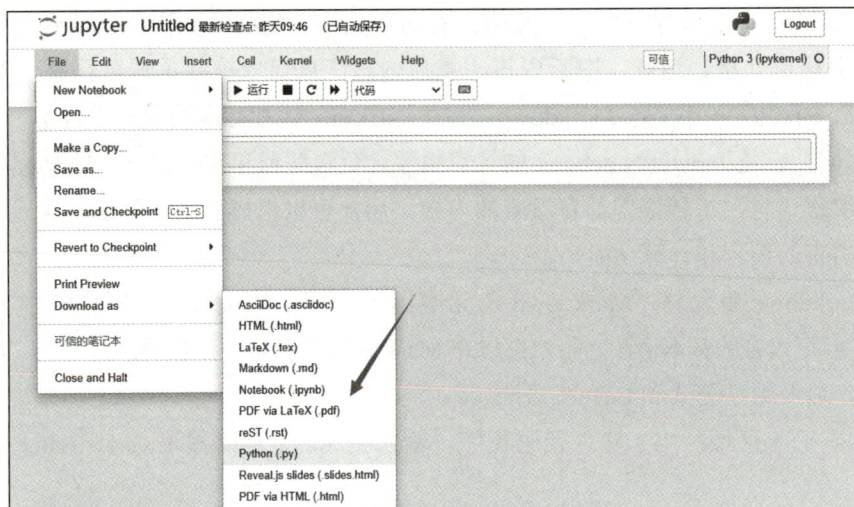

图 1-85　导出 Python 文件类型

(7) 开源和跨平台：Jupyter Notebook 是一个开源项目，用户可以免费获取并自由使用。它支持跨平台运行，可以在 Windows、MacOS 和 Linux 等操作系统上运行，为用户提供了一个统一的数据分析和编程环境。

1.5.4　使用详解

1. Jupyter Notebook 的启动

启动 Jupyter Notebook 的步骤如下：

(1) 在开始菜单中找到或在搜索框中搜索"Jupyter Notebook"，如图 1-86 所示。

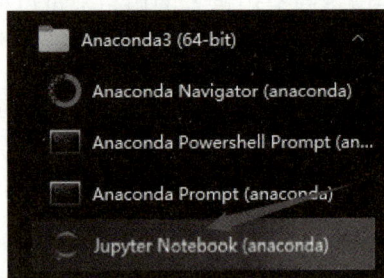

图 1-86　找到 Jupyter Notebook

(2) 找到或搜索到 Jupyter Notebook 后，单击即可在默认浏览器中打开它，如图 1-87 所示。

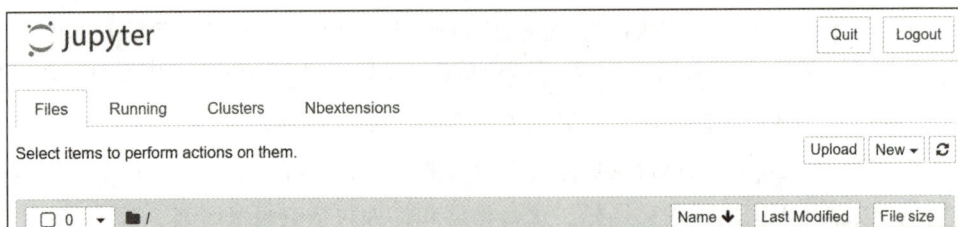

图 1-87　Jupyter Notebook 主界面

2. Jupyter Notebook 的编辑

编辑 Jupyter Notebook 的步骤如下：

(1) 创建新笔记本。在 Jupyter Notebook 主界面中，单击右上角的"New"按钮，选择所需的编程语言 (如 Python 3) 来创建一个新的笔记本，如图 1-88 所示。

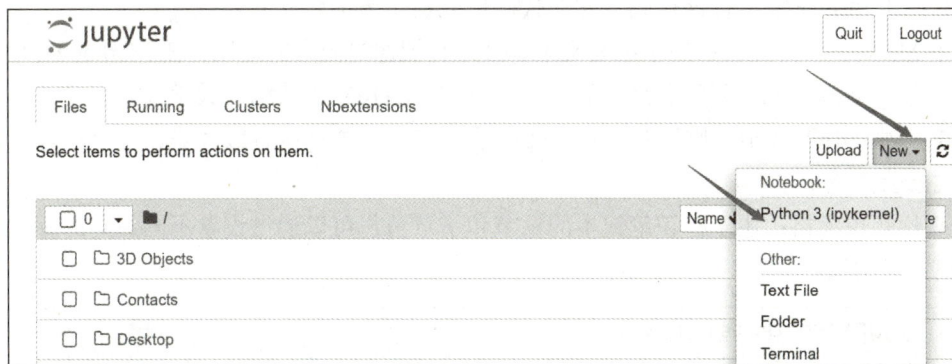

图 1-88　新建 Python 文件

(2) 编辑笔记本。笔记本的空白工作区包含了一个空白的代码单元格。可以在代码单元格中输入代码，也可以在 Markdown 单元格中输入文本、公式和图像，如图 1-89 所示。

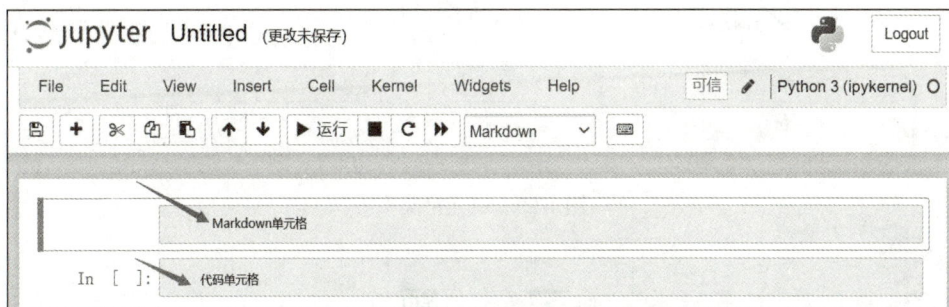

图 1-89　Python 文件页面

3. Jupyter Notebook 的工具条

Jupyter Notebook 的工具条位于笔记本的顶部，包含了一系列用于操作和编辑笔记本的按钮。常用工具按钮及其含义如表 1-1 所示。

表 1-1　Jupyter Notebook 常用工具按钮及其含义

图　标	含　义	图　标	含　义
🖫	保存	✚	插入单元格
✂	剪切单元格	🗐	复制单元格
🗋	粘贴到下面	↑	上移单元格
↓	下移单元格	▶	运行
■	中断内核	⟳	重启内核
⏭	重启内核并重新运行整个 Notebook	⌨	打开命令配置

4. Jupyter Notebook 的单元格

在 Jupyter Notebook 中，笔记本的内容被组织为一个一个的单元格，如图 1-90 所示。主要的单元格类型如下：

(1) 代码单元格：用于编写和执行代码的区域。在代码单元格中可以输入任意代码，然后按下 Ctrl + Enter 键执行该代码，并在代码单元格下方显示执行结果。

(2) Markdown 单元格：用于编写文本、公式和图像等内容的区域。在 Markdown 单元格中可以使用 Markdown 标记语言编写文本，并使用 LaTeX 语法编写数学公式。

(3) 原生 NBConvert：原生 NBConvert 中的内容将不会被执行或渲染，而是以原始文本的形式显示在笔记本中。

(4) 标题单元格：用于标识笔记本的章节和子章节，可以通过设置不同级别的标题来组织笔记本的结构。

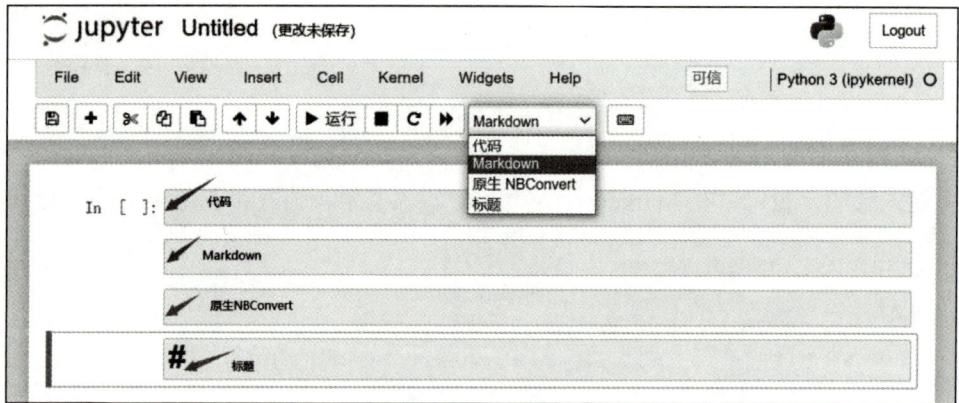

图 1-90　单元格类型

习　　题

1. 下载、安装 Python 与 Anaconda3，并测试是否安装成功。

2. 熟悉 IDLE 与 Jupyter Notebook 的使用。

第 2 章　Python 语言基础

Python 语言是一种广泛使用的高级编程语言，其以清晰的语法和强大的库支持而闻名。Python 程序由模块组成，模块包含语句，语句是 Python 程序的基本构成元素。语句通常包含表达式，而表达式由操作数和运算符构成，用于创建和处理对象。本章主要介绍程序的书写规范、标识符、关键字、变量、基本数据类型、运算符与表达式等内容。

2.1　程序的书写规范

2.1.1　Python 的语句

语句是 Python 程序的基本构成元素，用于定义函数、定义类、创建对象、变量赋值、调用函数、控制分支、创建循环等。Python 语句一般分为简单语句和复合语句。

(1) 简单语句：包括表达式语句、赋值语句、pass 语句、del 语句、return 语句、break 语句、continue 语句、import 语句、global 语句等。

(2) 复合语句：包括 if 语句、while 语句、for 语句、try 语句、with 语句、函数定义、类定义等。

2.1.2　代码与缩进

Python 语言的结构不同于其他语言，代码块 (如循环体、条件分支、函数体等) 不是通过大括号 "{}" 来界定的，而是依靠缩进来表示。缩进是 Python 语法的一部分，相同的缩进级别定义了一个代码块，Python 推荐使用 4 个空格作为一个缩进单位。

缩进的重要性如下：

(1) 代码结构：缩进确保了代码的层次结构清晰，易于理解。

(2) 逻辑分组：相同缩进级别的多行代码被视为一个逻辑整体，如循环体或条件语句内的所有语句。

(3) 强制一致性：强制使用缩进保证了代码风格的一致性，使得团队合作开发时代码风格统一。

【例 2-1】　下面是一个简单的示例，展示了如何使用缩进。

```
number = int(input(" 请输入一个数字 : "))
if number > 0:
```

```
    print(" 这是一个正数。")
elif number == 0:
    print(" 这是零。")
else:
    print(" 这是一个负数。")
```

2.1.3　注释

在 Python 中，有两种类型的注释，用于解释代码的功能、提供文档说明或者标记待办事项等。注释的类型如下：

(1) 单行注释：使用"#"开头，适用于简短的注释说明，添加注释的快捷键是"Ctrl"+"/"。

```
num_a =5                         # 将 5 赋值给变量 num_a
```

(2) 多行注释：多行注释通常用于函数、类或模块的开头，用 3 个单引号 "'''" 或 3 个双引号 """""" 包围。

```
def add(a,b):
    """
    定义一个函数，计算两个数的和。
    参数：a 表示第一个加数；b 表示第二个加数。
    返回值：a 与 b 的和。
    """
    return a+b
```

使用注释的注意事项如下：

(1) 清晰明了：注释应简洁明了，直接指明其描述的代码部分的目的或行为。

(2) 及时更新：随着代码的修改，相应的注释也需要更新，以保持其准确性。

(3) 避免显而易见的注释：对于代码本身已经很直观的部分，过多的注释反而可能导致阅读时受干扰。

2.2　标识符、关键字与变量

2.2.1　标识符

在 Python 中，标识符是指用来命名各种编程元素 (如变量、函数、类、模块等) 的字符序列。它遵循以下规则：

(1) 组成元素：标识符只能由字母 (a～z，A～Z)、数字 (0～9) 和下画线 (_) 组成。但是，不能以数字开头。

(2) 区分大小写：Python 中的标识符是区分大小写的，因此 "myVariable" 和 "MyVariable" 被视为两个不同的标识符。

(3) 不能使用保留关键字：Python 有一系列保留关键字，这些关键字具有特殊的含义，不能用作普通的标识符。例如，"if" "else" "for" "class" "return" 等都是保留的关键字。

(4) 具有描述性：虽然 Python 允许创建任何符合上述规则的标识符，但推荐使用有意义的命名，以便提高代码的可读性和可维护性。例如，使用 "student_count" 而非 "s_c" 来命名。

(5) PEP 8 命名规范：虽然不是强制性的，但遵循 PEP 8 风格指南是一种好的实践。它建议变量和函数名使用小写字母和下画线，如 "student_data"。类名使用驼峰命名法，每个单词首字母大写，不使用下画线，如 "StudentData"。

2.2.2　关键字

Python 的关键字是指 Python 语言中预先定义并保留的、拥有特殊意义的标识符，它们不能用作普通变量名或其他标识符，了解这些关键字及其用途对于学习和使用 Python 编程语言是非常重要的。表 2-1 列举了 Python 中常用的关键字及其用途。

表 2-1　Python 中的关键字及用途

关　键　字	用　　　途
False、True	布尔值
None	空值
and、or、not	用于逻辑运算
if、elif、else	用于条件判断
for、while	用于循环控制
break、continue	用于循环流程控制
try、except、finally、raise	用于异常处理
def、return	用于定义和返回函数
class	用于定义类
import、from	用于导入模块或模块中的特定部分
as	用于别名导入或在异常处理中指定错误处理的名称
assert	用于判断表达式是否为真，否则引发 Assertion Error
async、await	用于异步编程
yield	用于定义生成器函数
with	用于上下文管理器，如自动管理文件打开和关闭
del	用于删除变量或序列的项
global、nonlocal	用于指定变量的作用域
lambda	用于创建匿名函数
pass	用于占位符，仅作为语法结构上的需要

2.2.3　变量

1. 变量的定义

在 Python 中，变量是用来存储数据的占位符。Python 是一种动态编程语言，这意味着在声明变量时不需要指定其数据类型，Python 会根据赋给变量的值自动推断其类型。

2. 变量的命名规则

变量的命名满足标识符的基本命名规则即可。本书主要采用下画线分割法，使用小写字母和下画线的形式，如"student_data"。

3. 变量的创建与赋值

在 Python 中，每个变量在使用前必须赋值，变量赋值后才会被创建。语法格式如下：

`<变量名>=<值>`

其中，等号表示赋值，等号左边是变量名，等号右边是值。

(1) 单个变量赋值。例如：

```
num_a = 2                          # 将 2 赋值给变量 num_a
```

(2) 多个变量赋值。例如：

```
num_x, num_y = 1, 2                # 将 1 赋值给变量 num_x，2 赋值给变量 num_y
num_b = num_c = 5                  # 将 5 同时赋值给变量 num_b、变量 num_c
```

4. 输入与打印输出函数

1) 输入函数

在 Python 中，可以使用 input() 函数输入数据，然后赋值给一个变量。使用 input() 函数输入的任何内容，其默认数据类型为字符型数据，例如：

```
num_a = input(" 请输入：")
type(num_a)
```

程序运行结果如下：

```
请输入：
```

如果输入 3.14，程序运行结果如下：

```
str
```

2) 打印输出函数

在 Python 中，可以使用 print() 函数输出信息，如果希望输出信息的同时一起输出数据，需要使用格式化字符 %。例如：

```
english_name = "Betty"
print(" 我的名字叫 %s" %english_name)
```

程序运行结果如下：

```
我的名字叫 Betty
```

2.3　基本数据类型

2.3.1　数值型

Python 中的数值型数据主要用于表示整数、浮点数、布尔型和复数。这些类型是 Python

编程中处理数学运算的基础。Python 支持对这些数值型数据进行各种算术运算，包括加、减、乘、除、取余数、幂运算等。此外，Python 还提供了丰富的内置函数和模块 (如 math、decimal、fractions) 来处理更复杂的数学计算。

1. 整型 (int)

整型就是没有小数部分的数字，分为正整数、负整数和零。例如：

```
positive_int= 20
negative_int=-5
zero_int=0
```

2. 浮点型 (float)

浮点型就是有小数部分的数字，如 3.14、0.23、-5.9 等都是浮点型数据。Python 中的浮点数遵循 IEEE 754 双精度浮点数标准，有 15、16 位十进制数字的精度。例如：

```
positive_float=3.14
negative_float=-0.001
scientific_notation=1e5          # 表示 1 乘以 10 的 5 次方
```

3. 布尔型 (bool)

布尔型是 Python 中的一种基本数据类型，用于表示逻辑上的真 (True) 和假 (False)。布尔型变量主要用于条件判断和逻辑运算。在 Python 中，所有的值都可以被解释为布尔值，尤其是在布尔上下文中 (如 if 语句)，非零和非空值通常等价为 True，而零、空值或者特定的“假”值 (如 None、False) 等价为 False。

1) 布尔字面量

True 表示逻辑上的真，False 表示逻辑上的假。

2) 布尔上下文中的隐式转换

在需要布尔值的环境中，如 if 语句、while 循环的条件判断，以及其他逻辑操作中，Python 会自动将其他类型的值转换为布尔值。以下是一些典型的转换规则：

(1) 数字类型：所有非零数字 (包括负数) 等价为 True；0 等价为 False。

(2) 字符串：非空字符串等价为 True；空字符串等价为 False。

(3) 列表、元组、字典、集合等容器类型：非空容器等价为 True；空容器 (如 []、()、{}、set()) 等价为 False。

(4) None：总是等价为 False。

例如：

```
num_a = bool(0)
print(num_a)
```

程序运行结果如下：

```
False
```

```
num_b = bool(2)
print(num_b)
```

程序运行结果如下：

```
True
```

```
num_c = bool("")
print(num_c)
```
程序运行结果如下：
```
False
```

```
num_d = bool([1, 2, 3])
print(num_d)
```
程序运行结果如下：
```
True
```

4. 复数型 (complex)

复数由实部和虚部组成，使用 j 作为虚部单位。复数的表达式为 "real+imagj"，其中 "real" 表示实部，"imag" 表示虚部。例如：

```
num_a = complex(3, 6)
print(num_a)
print(num_a. real)
print(num_a. imag)
```
程序运行结果如下：
```
(3+6j)
3.0
6.0
```

2.3.2 字符型

在 Python 中，字符型数据主要通过 "str"（字符串）类型来表示。字符串是一系列字符的集合，可以包含字母、数字、符号、空格等。Python 的字符串是不可变的序列类型，意味着一旦创建，字符串中的元素就不能更改。

1. 字符串的基本操作

1) 创建字符串

可以使用单引号（"'"）或双引号（"""）来创建字符串，两者在功能上完全等价。三引号（""""" 或 """"""）用于创建多行字符串。例如：

```
string_a ='Hello'
string_b ="World"
string_c ="""My name is Lily.
I am 15 years old."""
```

2) 字符串的连接和复制

在 Python 中，可以使用 "+" 来连接两个字符串，使用 "*" 来复制字符串，例如：

```
string_x = "a" + "b" + "c"
string_x
```

程序运行结果如下：

```
"abc"
```

```
string_y = "abc" * 3
string_y
```

程序运行结果如下：

```
"abcabcabc"
```

3) 字符串的索引和切片

字符串中的每个字符都有一个对应的索引位置，用户可以通过整数下标 (即索引) 访问字符串中的元素，s[i] 即表示访问字符串 s 中索引为 i 的元素。字符串 string_a = "python" 的索引示意图如图 2-1 所示。

string_a[0]	string_a[1]	string_a[2]	string_a[3]	string_a[4]	string_a[5]
p	y	t	h	o	n
string_a[-6]	string_a[-5]	string_a[-4]	string_a[-3]	string_a[-2]	string_a[-1]

图 2-1　字符串 string_a = "python" 的索引

索引从 0 开始，第 1 个元素为 string_a[0]，第 2 个元素为 string_a[1]，以此类推。例如：

```
string_a ="python"
print(string_a[0])
print(string_a[-1])
```

程序运行结果如下：

```
"p"
"n"
```

要获取字符串中的一段字符，可以使用"切片"操作。切片的基本表达式为 s[i:j[:k]]，其中 i 为序列开始的下标；j 为序列结束的下标；k 为步长。如果省略 i，则从下标 0 开始；如果省略 j，则直到序列结束为止；如果省略 k，则步长为 1。其中 [i:j] 是一个左闭右开区间，即包含 i 但不包含 j。

```
string_b = "my name is zhangsan"
print(string_b[1:4])
print(string_b[5:])
print(string_b[1:12:2])
```

程序运行结果如下：

```
"y n"
"me is zhangsan"
"ynm sz"
```

2. 字符串的常用方法

Python 的字符串对象有许多内置方法，用于执行常见的文本处理任务，如统计、查找和替换、去除空白字符、大小写转换、字符串格式化等。

1) 统计

(1) len(string)：获取字符串的长度。

```
string_a ="Hello,World!"
print(len(string_a))
```

程序运行结果如下：

```
12
```

(2) string. count(str)：统计 str 在 string 中出现的次数。

```
string_a ="Hello,World!"
print(string_a. count("o"))
```

程序运行结果如下：

```
2
```

2) 查找和替换

(1) string. startswith(str)：判断字符串是否以 str 开头，如果是，则返回 True，否则返回 False。

```
string_b ="python"
print(string_b. startswith("y"))
```

程序运行结果如下：

```
False
```

(2) string. endswith(str)：判断字符串是否以 str 结尾，如果是，则返回 True，否则返回 False。

```
string_b ="python"
print(string_b. endswith("n"))
```

程序运行结果如下：

```
True
```

(3) string. find(str, start=0, end=len(string))：检查 str 是否包含在 string 中，如果指定范围 start 和 end，则检查 str 是否包含在指定范围内，如果是，返回开始的索引值，否则返回 -1。

```
string_a ="Hello,World!"
print(string_a.find("World"))
```

程序运行结果如下：

```
6
```

(4) string. rfind(str, start=0, end=len(string))：类似于 find()，不过是从右边开始查找。

```
string_a ="Hello,World!"
print(string_a. rfind("World"))
```

程序运行结果如下：

```
6
```

(5) string. index(str, start=0, end=len(string))：类似于 find()，如果 str 不包含在 string 中会报错。

```
string_b ="python"
print(string_b. index("h"))
```

程序运行结果如下：

```
3
```

(6) string. rindex(str, start=0, end=len(string))：类似于 index()，不过是从右边开始。

```
string_b ="python"
print(string_b. rindex("h"))
```

程序运行结果如下：

```
3
```

(7) string. replace(oldstr, newstr, num)：把 string 中的 oldstr 替换成 newstr，如果指定 num，则替换次数不超过 num。

```
string_b ="python"
print(string_b. replace("h", "w"))
```

程序运行结果如下：

```
"pytwon"
```

3) 去除空白字符

(1) string. strip()：截掉 string 左右两边的空白字符。

(2) string. rstrip()：截掉 string 右边 (末尾) 的空白字符。

(3) string. lstrip()：截掉 string 左边 (开始) 的空白字符。

```
string_b =" python"
print(string_b.strip())
```

程序运行结果如下：

```
"python"
```

```
print(string_b.rstrip())
```

程序运行结果如下：

```
" python"
```

```
print(string_b. lstrip())
```

程序运行结果如下：

```
"python "
```

4) 大小写转换

(1) string. upper()：转换 string 中所有小写字母为大写。

```
string_a ="Hello,World!"
print(string_a.upper())
```

程序运行结果如下：

```
"HELLO,WORLD!"
```

(2) string. lower()：转换 string 中所有大写字母为小写。

```
string_a ="Hello,World!"
print(string_a.lower())
```

程序运行结果如下：

```
"hello,world!"
```

5) 字符串格式化

Python 提供了多种方式来格式化字符串，包括传统的"%"操作符、".format()"方法，以及"f-string"方法（自 Python 3.6 起引入）。

(1)"%"操作符。例如：

```
name="Lily"
age= 20
print("My name is %s,I am %d years old."%(name,age))
```

程序运行结果如下：

```
My name is Lily,I am 20 years old.
```

(2)".format()"方法。例如：

```
name="Lily"
age= 20
print("My name is {},I am {} years old.".format(name,age))
```

程序运行结果如下：

```
My name is Lily,I am 20 years old.
```

(3)"f-string"方法。例如：

```
name="Lily"
age= 20
print(f"My name is {name},I am {age} years old.")
```

程序运行结果如下：

```
My name is Lily,I am 20 years old.
```

2.4　数据类型判断与类型间转换

2.4.1　数据类型判断

在 Python 中，判断变量的数据类型是一项常见操作，可以通过内置的"type()"函数或"isinstance()"函数来完成。

1. 使用"type()"函数

"type()"函数返回变量的类型对象，这对于确定变量的数据类型很有用。例如：

```
num_x =5
print(type(num_x))
```

程序运行结果如下：

```
<class "int">
```

```
num_y ="Hello"
print(type(num_y))
```
程序运行结果如下：
```
<class "str">
```

```
num_z =[1,2,3]
print(type(num_z))
```
程序运行结果如下：
```
<class "list">
```

2. 使用 "isinstance()" 函数

"isinstance()" 函数用于检查一个对象是否是一个已知的类型 (可以直接检查一个类型，也可以检查多个类型中的任意一种)。这个函数比 "type()" 更灵活，因为它还可以检查一个对象是否是某个类的实例，或是其子类的实例。例如：

```
num_x =5
print(isinstance(num_x,int))
```
程序运行结果如下：
```
True
```

```
num_y ="Hello"
print(isinstance(num_y,str))
```
程序运行结果如下：
```
True
```

```
num_z =[1,2,3]
print(isinstance(num_z,list))
print(isinstance(num_z,(list,tuple)))
```
程序运行结果如下：
```
True
True
```

```
class MyClass:
    pass
instance=MyClass()
print(isinstance(instance,MyClass))
```

程序运行结果如下：

```
True
```

2.4.2 基本数据类型间转换

在 Python 中，数据类型之间的转换是非常常见且重要的操作，可以通过使用一系列内置的类型转换函数来完成。

1. 整型 (int) 转换

整型 (int) 转换主要有以下 3 种类型：

(1) 字符串转换为整型：使用 "int()" 函数可以将一个表示整数的字符串转换为整型。

```
string_a = "123456"

result_a = int(string_a)

print(result_a)
```

程序运行结果如下：

```
123456
```

注意：如果字符串包含非数字字符，那么会出现 "ValueError" 异常。

(2) 浮点型转换为整型：可以直接使用 "int()" 函数来进行转换，但这会导致小数部分被删掉，而不是四舍五入。例如：

```
float_a = 3.5159

result_a = int(float_a)

print(result_a)
```

程序运行结果如下：

```
3
```

如果需要四舍五入，可以使用 "round()" 函数取整，例如：

```
float_a = 3.5159

result_a = int(round(float_a))

print(result_a)
```

程序运行结果如下：

```
4
```

(3) 布尔型转换为整型：在 Python 中，"True" 转换为 "1"，"False" 转换为 "0"，可以直接使用 "int()" 函数。

```
bool_a = True

result_a = int(bool_a)

print(result_a)
```

程序运行结果如下：

```
1
```

2. 浮点型 (float) 转换

浮点型 (float) 转换主要有以下 3 种类型：

(1) 整型转换为浮点型：使用"float()"函数可以将整型转换为浮点型。

```
int_a = 120
result_a = float(int_a)
print(result_a)
```

程序运行结果如下：

```
120.0
```

(2) 字符串转换为浮点型：使用"float()"函数可以将字符串转换为浮点型，如果字符串不能表示一个合法的浮点数，会抛出"ValueError"异常。

```
string_a = "120.45"
result_a = float(string_a)
print(result_a)
```

程序运行结果如下：

```
120.45
```

(3) 布尔型转换为浮点型：在 Python 中，"True"转换为"1.0"，"False"转换为"0.0"，可以直接使用"float()"函数。

```
bool_a = False
result_a = float(bool_a)
print(result_a)
```

程序运行结果如下：

```
0.0
```

3. 复数 (complex) 转换

在 Python 中，虽然没有直接的内置函数将其他类型转换为复数，但可以显式构造复数，如"complex(real[,imag])"。

```
num_a = complex(7,9)
print(num_a)
```

程序运行结果如下：

```
(7+9j)
```

4. 布尔型 (bool) 转换

在 Python 中，布尔型只有两个值："True"和"False"。Python 会自动根据上下文将其他数据类型转换为布尔值，这个过程称为布尔型转换，具体转换规则在 2.3.1 节中已经介绍，这里不再赘述。

5. 字符串 (str) 转换

在 Python 中，可以使用"str()"函数将其他数据类型转换为字符串类型。Python 提供了多种方法来进行这种转换，以适应不同的应用场景。

(1) 整型转换为字符串，例如：

```
int_num = 123
result_num = str(int_num)
result_num
```

程序运行结果如下：

```
"123"
```

(2) 布尔型转换为字符串，例如：

```
bool_value = True
result_num = str(bool_value)
result_num
```

程序运行结果如下：

```
"True"
```

(3) 列表等容器类型转换为字符串，例如：

```
list_example = [1, 2, 3]
result_num = str(list_example)
result_num
```

程序运行结果如下：

```
"[1, 2, 3]"
```

6. 函数 eval()

eval() 函数的作用是执行一个字符串表达式，并返回表达式的值。当 eval() 函数接收一个字符串参数时，如果字符串是表达式，可以返回表达式的值；如果字符串是整型或浮点型，输出结果仍然是整型或浮点型；如果字符串是列表、元组或字典，输出结果仍然是列表、元组或字典。例如：

```
message_num=eval(input(" 请输入："))
type(message_num)
```

程序运行结果如下：

```
请输入：
```

如果输入"(4,5,6)"，程序运行结果如下：

```
tuple
```

注意事项：

(1) 在进行类型转换时，如果转换不合法，例如，尝试将一个无法解释为数字的字符串转换为 int，则会引发异常。

(2) 当自动或显式在不同类型间转换数据时，确保转换在逻辑上是合理的，避免数据丢失或错误的类型转换导致的程序异常。

2.5　运算符与表达式

2.5.1　运算符概述

在 Python 中，运算符是用于执行特定操作的符号或关键字，它们帮助我们对变量和值执行数学、比较、逻辑等操作。了解并熟练运用这些运算符是编写有效 Python 代码的关键。

2.5.2　常见运算符

1. 算术运算符

算术运算符用于执行基本的数学运算，详细内容见表 2-2。

表 2-2　常用算术运算符

运算符	含　义	举　例
+	加法	5+3 结果为 8
−	减法	5−3 结果为 2
*	乘法	5*3 结果为 15
/	除法（返回浮点数）	5/3 结果为 1.66667
//	整除（返回整数结果）	5//3 结果为 1
%	取余数	5%3 结果为 2
**	幂运算	5** 3 结果为 125

2. 关系（比较）运算符

关系（比较）运算符用于对变量或表达式的结果进行大小比较，如果比较结果为真，则返回 True；如果为假，则返回 False。详细内容见表 2-3。

表 2-3　常用关系（比较）运算符

运算符	含　义	举　例
==	等于	5==3 结果为 False
!=	不等于	5!=3 结果为 True
<	小于	5<3 结果为 False
>	大于	5>3 结果为 True
<=	小于等于	5<=3 结果为 False
>=	大于等于	5>=3 结果为 True

3. 逻辑运算符

逻辑运算符是对真和假两种布尔值进行运算，运算后的结果仍是一个布尔值，详细内容见表 2-4。

表 2-4 常用逻辑运算符

运算符	含 义	举 例
and	逻辑与	5>3 and 2<1 结果为 False
or	逻辑或	5>3 or 2<1 结果为 True
not	逻辑非	not 5>3 结果为 False

4. 赋值运算符

赋值运算符用于给变量赋值或进行复合赋值操作，详细内容见表 2-5。

表 2-5 常用赋值运算符

运算符	含 义	举 例
=	赋值运算符	x = 3，将 3 赋值给变量 x
+=	加赋值运算符	x += 3 等同于 x=x + 3
−=	减赋值运算符	x −= 3 等同于 x=x − 3
*=	乘法赋值运算符	x *= 3 等同于 x=x * 3
/=	除法赋值运算符	x /= 3 等同于 x=x / 3
%=	取余数赋值运算符	x %= 3 等同于 x=x % 3
//=	取整数赋值运算符	x //= 3 等同于 x=x // 3
**=	幂赋值运算符	x **= 3 等同于 x=x ** 3

5. 成员运算符

成员运算符用于判断元素是否包含在指定的序列中，详细内容见表 2-6。

表 2-6 常用成员运算符

运算符	含 义	举 例
in	表示元素包含在序列中	"a" in "abc" 结果为 True
not in	表示元素不包含在序列中	"d" not in "abc" 结果为 True

6. 身份运算符

身份运算符用于判断两个标识符是否引用同一个对象，详细内容见表 2-7。

表 2-7 常用身份运算符

运算符	含 义	举 例
is	表示两个标识符引用同一个对象	"x" is "y"
is not	表示两个标识符不是引用同一个对象	"x" is not "y"

2.5.3 运算符的优先级

在 Python 中，运算符的优先级决定了表达式中运算符的计算顺序。当一个表达式包含多个运算符时，优先级较高的运算符会先于优先级较低的运算符执行。当多个运算符具有相同优先级时，其计算顺序由结合性规则决定：大多数运算符遵循从左到右的左结合性，但存在特殊例外（如幂运算 ** 和赋值运算符采用右结合性）。下面是 Python 运算符优先级的一个概览，从高到低排列，详细内容见表 2-8。

表 2-8　运算符优先级

运　算　符	含　义
**	指数
*，/，%，//	乘、除、取余数、取整数
+，-	加法、减法
<=，<，>，>=	比较运算符
==，!=	等于运算符
=，%=，/=，//=，-=，+=，*=，**=	赋值运算符
is	身份运算符
in	成员运算符
not，or，and	逻辑运算符

注意： 使用括号"()"可以改变运算符的默认优先级，让程序员明确指定计算顺序。例如，"(2+3)*4"先执行括号内的加法运算。正确理解和运用运算符的优先级对于编写准确无误的代码非常重要。

2.5.4　表达式组成与书写规则

1. 表达式组成

在 Python 中，表达式是用于计算值或表达某种条件的代码片段。表达式可以是简单的赋值、算术运算、函数调用，也可以是复杂的逻辑判断、列表推导等。理解表达式对于编写 Python 代码至关重要，因为它们构成了程序的基本构建块。以下是 Python 中常用的表达式。

1) 赋值表达式

num_x = 5：这个表达式表示将 5 赋值给变量 num_x。

2) 算术表达式

加法：x+y　　　　　减法：x-y　　　　　乘法：x*y

除法：x/y　　　　　整除：x//y　　　　　取余数：x%y

幂运算：x**y

3) 比较表达式

等于：x==y　　　　不等于：x!=y　　　　小于：x<y

大于：x>y　　　　小于等于：x<=y　　　大于等于：x>=y

4) 逻辑表达式

逻辑与：x and y　　逻辑或：x or y　　　逻辑非：not x

5) 成员表达式

成员检查：value in collection

非成员检查：value not in collection

6) 身份表达式

身份判断：x is y

非身份判断：x is not y

7) 访问表达式

属性访问：obj.attribute

索引访问：my_list[index]

切片：my_list[start:end: step]

8) 函数调用表达式

func(arg1,arg2)：这个表达式表示调用函数并返回结果。

9) lambda 表达式

lambda x,y:x+y：这个表达式表示创建一个匿名函数，接收 x 和 y 参数，返回它们的和。

10) 列表推导表达式

[x ** 2 for x in range(5)]：这个表达式表示生成一个新的列表，其中包含 0 到 4 每个数的平方。

11) 三元条件表达式

max(a, b) if a>b else min(a, b)：这个表达式表示如果 a 大于 b，则返回 a 和 b 中的最大值，否则返回最小值。

表达式是 Python 程序中的基础，它们不仅用于计算值，还用于控制流程、定义数据结构、调用函数等。掌握各种类型的表达式，能够使你的 Python 编程更加灵活和高效。

2. 表达式的书写规则

在 Python 中，表达式的书写遵循一定的规则，以确保代码的可读性和正确性。以下是一些关键的书写规则：

1) 简洁性与清晰性

Python 鼓励编写简洁明了的表达式。尽量使用直接且易于理解的方式表达逻辑，避免不必要的复杂性。

2) 运算符优先级

遵循 Python 的运算符优先级规则，必要时使用括号来明确优先级，避免因默认优先级导致的误解。例如，"(a+b)*c"明确先执行加法再执行乘法。

3) 避免复杂的嵌套

尽量减少表达式中的嵌套层次，特别是逻辑表达式。复杂的嵌套不仅难以阅读，也容易出错。必要时分解为多个简单表达式或使用临时变量。

4) lambda 表达式

虽然 lambda 表达式可以用于快速定义小型匿名函数，但过度使用会降低代码可读性。对于复杂逻辑，最好定义明确的函数。

5) 列表推导、生成器表达式

这些表达式是 Python 中创建新列表或迭代器的高效方式，但应确保它们的复杂度适中，避免难以理解。

6) 遵循 PEP 8 编码规范

这是 Python 的官方风格指南，涵盖了命名、缩进、空白、行长度等方面的规定，有助于保持代码的一致性和可读性。

7) 注释

适当使用注释来解释复杂的表达式或逻辑，特别是直观上不易理解的部分。但也要注意，清晰的代码往往比注释更重要。

习　　题

一、选择题

(1) 获得字符串 s 长度的方法是 (　　)。

A. s.len()　　　　　　　　　B. s.length

C. len(s)　　　　　　　　　D. length(s)

(2) Python 中布尔变量的值为 (　　)。

A. 真，假　　　　　　　　　B. 0，1

C. T，F　　　　　　　　　D. True，False

(3) 在 Python 语言中，不能作为变量名的是 (　　)。

A. student　　　　　　　　　B. _bmgl

C. 5sp　　　　　　　　　D. Teacher

(4) 下列关于 Python 运算符的使用，描述正确的是 (　　)。

A. a =! b，比较 a 与 b 是否不相等

B. a =+ b，等同于 a = a + b

C. a == b，比较 a 与 b 是否相等

D. a //= b，等同于 a = a / b

(5) 优先级最高的运算符是 (　　)。

A. is　　　　　　　　　B. **

C. *　　　　　　　　　D. +

(6) 下面表达式中，值为 "True" 的是 (　　)。

A. type(10) is float　　　　　　B. type(10.5) is int

C. type("Hello") is str　　　　　D. type("100") is int

(7) 假设 x = 10，执行 y = str(x) 后，y 的类型是 (　　)。

A. int　　　　　　　　　B. float

C. str　　　　　　　　　D. bool

(8) 下列表达式中，会导致 TypeError 错误的是 (　　)。

A. 5 + "apple"　　　　　　　B. 3 * 4.0

C. "Hello" * 3　　　　　　　D. 10 // 2

(9) 下列表达式中，可以止确连接字符串 "Hello" 和 "World" 成为 "Hello World" 的是

(   )。

A. "Hello" + "World"   B. "Hello" - "World"

C. "Hello" * "World"   D. "Hello".append("World")

(10) 下列选项中，可以检查一个变量是否为整数类型的是 (   )。

A. is_int()   B. type() == int

C. isinstance(var,int)   D. int_check()

二、填空题

(1) "abcabcabc".count("abc") 的值为 ＿＿＿＿。

(2) 已知 x="hello world."，那么表达式 x.find("x") 的值为 ＿＿＿＿。

(3) print(2**4+16%3) 的结果为 ＿＿＿＿。

(4) 表达式 True and False 的值为 ＿＿＿＿。

(5) 在 Python 语言中，＿＿＿＿ 表示空类型。

(6) 在 Python 中，使用关键字 ＿＿＿＿ 定义一个整数变量，使用关键字 ＿＿＿＿ 定义一个浮点数变量。

(7) 要将一个字符串转换为整数，可以使用函数 ＿＿＿＿；要将一个整数转换为字符串，可以使用函数 ＿＿＿＿。

(8) Python 中用 ＿＿＿＿ 表示复数类型，一个复数由 ＿＿＿＿ 和 ＿＿＿＿ 组成。

(9) "Ha" * 3 的结果为 ＿＿＿＿。

(10) 判断一个变量是否为特定类型，通常使用函数 ＿＿＿＿。例如，检查变量"x"是否为字符串类型可以写为 ＿＿＿＿。

三、综合题

(1) 有如下变量 name="aleX is a man"，请按照要求实现每个功能。

① 判断 name 变量对应的值中 a 出现的次数，并输出结果。

② 将 name 变量对应的值中 a 替换成 w，并输出结果。

③ 将 name 变量对应的值变小写，并输出结果。

④ 输出 name 变量对应的值的前 3 个字符。

⑤ 输出 name 变量对应的值的后 2 个字符。

(2) 有如下变量 text，按照下面要求对其进行操作：

text = '''Beautiful is better than ugly.

Explicit is better than implicit.

Simple is better than complex.

Complex is better than complicated.

Flat is better than nested.

Sparse is better than dense.

Readability counts.'''

① 将 text 变量所有值变为小写，并输出结果。

② 输出 text 中最后一句。

第 3 章 Python 程序流程控制

　　为了描述语句的执行过程，任何编程语言都会提供一套描述的机制，用来控制语句的执行过程，这种机制称为"控制结构"，即让计算机按照设定的逻辑顺序执行事先编写好的动作语句序列，完成整个程序工作。

　　Python 提供的流程控制结构有顺序结构、选择结构和循环结构 3 种。顺序结构是最基本的执行流程，也是默认的程序执行流程，即在一个没有其他控制结构的程序中，语句的执行顺序遵循"自上而下"的原则，从第一条语句依次执行到最后一条语句。这种结构很好理解与执行，在后续的内容中都有涉及，这里不再进行单独描述。选择结构使程序的执行流程分为多条路径，程序运行时会根据条件表达式判断结果选择执行哪一条路径下面的程序代码。循环结构多用于在满足条件时反复执行某项任务，有了这种结构计算机就能反复、快速地执行某些计算任务，但要注意的是，每次循环后循环主体变量会发生变化，程序会根据循环条件判断是否继续执行循环语句。

3.1 选择结构

　　生活中处处充满选择，小到午餐吃什么，大到学业结束是工作还是继续深造等，编写程序时也一样。Python 中这种有选择地执行某些动作的结构叫选择结构，又叫分支结构，是根据不同条件来决定是否执行某些特定的代码，其语法结构使用 if 语句来实现。依据解决问题逻辑不同，选择结构总体可分为单分支结构、双分支结构和多分支结构，程序流程图如图 3-1 所示。

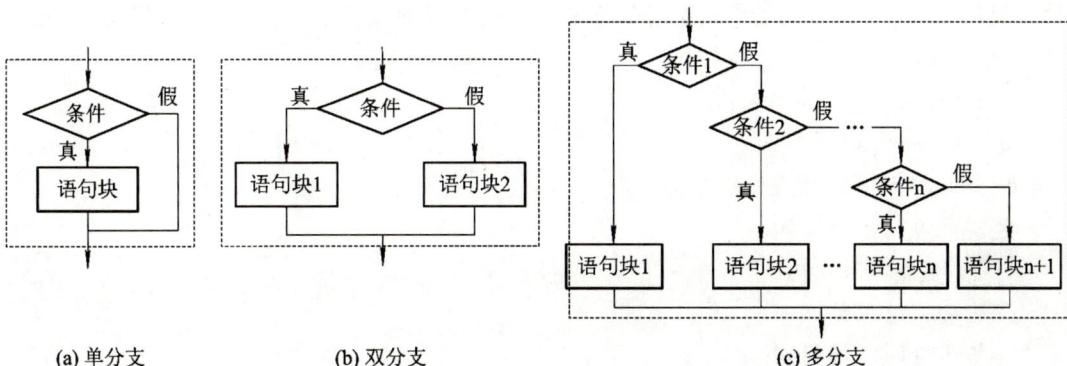

　　(a) 单分支　　　　　　　(b) 双分支　　　　　　　　　　　(c) 多分支

图 3-1　if 语句的分支结构

3.1.1　单分支结构

单分支结构是指只有一个条件来决定程序语句块是否执行。其语法格式如下：

if < 条件表达式 >:
　　语句块

在这个语法中，if 是关键字，用"<>"括起来的条件表达式是必有项，为一个逻辑表达式或者其值可以等价转换为 True 或 False 逻辑值的其他类型表达式。条件表达式后面的英文冒号":"是必需的，表示一个语句块的开始。这里的语句块代表当条件表达式为真时要执行的程序内容，是指具有同一缩进的代码，可以由一条或多条语句组成，如果是多条语句，则使用回车进行语句分隔。语句块缩进需要相对于 if 语句多缩进一级 (通常为 4 个空格)。

单分支选择结构语句执行流程如图 3-1(a) 所示。如果条件表达式值为 True，则执行语句块内容；否则即为 False，不执行语句块中的任何内容，跳过语句块继续执行后续语句。

使用 if 单分支语句时，如果语句块是单个语句，可以将其直接写到冒号":"的右侧，例如下面的代码：

if a>b : max=a

但是作为初学者，为了程序代码的可读性，建议不要这样做。

这里需要了解 Python 流程控制结构中经常用到的条件表达式，也称为条件语句。在选择结构和循环结构中，Python 解释器会根据条件表达式的值来确定下一步执行的流程，选择结构是根据条件表达式的结果来选择执行后续特定的代码，循环结构是根据条件表达式的结果来决定是否继续重复执行特定的代码。

在 Python 中，所有合法的表达式都可以作为条件表达式。条件表达式的值等价于 True 时表示条件成立，等价于 False 时表示条件不成立。这里的等价遵循"非零即真，非空即真"的思路，即条件表达式的值只要不是 0、空值 None、空序列值，Python 解释器均认为其与 True 等价 (注意，等价和相等是有区别的)。

例如，当数字可以作为条件表达式时，只有 0、0.0、0j 等价于 False，其他任意数字都等价于 True。列表、元组、字典、集合、字符串以及 range 对象、map 对象、zip 对象、filter 对象、enumerate 对象、reversed 对象等容器序列类对象也可以作为条件表达式，不包含任何元素的容器类对象等价于 False，包含任意元素的容器类对象都等价于 True。以字符串为例，只有不包含任何字符的字符串等价于 False，包含其他任意字符的字符串都等价于 True。

【例 3-1】　根据输入数值判断该数据是否为奇数。代码如下：

```
num = input(" 请输入一个数值：")
if eval(num) % 2 != 0:
    print(' 您输入的数是奇数 :', num)
```

当输入 9 时，结果为：

请输入一个数值：9

您输入的数是奇数 : 9

当输入 2 时，结果为：

请输入一个数值：2

可见，当输入 2 时，程序后续没有任何输出结果，原因是不满足 if 后条件表达式为真的要求，故不会执行冒号后面缩进的语句块。

3.1.2　双分支结构

在使用 if 单分支结构判断时，只能实现满足条件时要做的操作，不满足条件时是没有任何操作的。那么，如果需要在不满足条件时进行某些操作，应该如何实现呢？例如，用身份证第 17 位的数字表示性别：奇数表示男性，偶数表示女性。

Python 则提供了 if...else 双分支语句解决此类问题。双分支结构也是描述只有一个条件的情况，与单分支语句不同之处在于，其执行流程包含当条件表达式为 False 时要执行的内容。其语法格式如下：

if < 条件表达式 >：
　　语句块 1
else：
　　语句块 2

在这个语法中，if 和 else 都是关键字，语句根据条件表达式的逻辑结果判断是执行语句块 1 还是执行语句块 2，其执行流程图如图 3-1(b) 所示。当条件表达式为 True 时执行语句块 1，当条件表达式为 False 时执行语句块 2，两个语句块必定有一个会被执行。

使用 if 双分支语句时，如果语句块是单个语句，可以将语法格式简化为：

语句 1 if < 条件表达式 > else 语句 2

条件表达式为 True 时执行语句 1，条件表达式为 False 时执行语句 2。但是作为初学者，为了程序代码的可读性，建议不要这样做。

【例 3-2】　根据输入数值判断该数据是奇数还是偶数。代码如下：

```
num = eval(input(" 请输入一个数值： "))
if num % 2 != 0:
    print(' 您输入的数是奇数 :', num)
else:
    print(' 您输入的数是偶数 :', num)
```

根据输入的数值判断是奇数还是偶数，当输入 9 时，结果为：

```
请输入一个数值： 9
您输入的数是奇数 : 9
```

当输入 2 时，结果为：

```
请输入一个数值： 2
您输入的数是偶数 : 2
```

可见，当输入 2 时，程序有输出结果。

3.1.3　多分支结构

在前述的单分支和双分支结构中，都只涉及单个条件的判断，但是如果希望再增加一些条件，条件不同需要执行的代码也不同，应该如何实现呢？例如，判断学生考试成绩属于优良中差的某个等级，需要设计多个判断标准。Python 则提供了多分支语句解决此类问题。

多分支结构是为了解决多条件判断而设计的，适用于多条件情况。其语法格式如下：

if < 条件表达式 1>：
  语句块 1
elif < 条件表达式 2>：
  语句块 2
…
elif < 条件表达式 n>：
  语句块 n
[else：
  语句块 n+1]

以上语法结构中 if、elif 和 else 为关键字。多分支流程结构图如图 3-1(c) 所示。当程序执行以上 if...elif...else 多分支语句时，首先判断条件表达式 1 是否为 True，如果为 True，则执行语句块 1，然后结束整个分支选择结构；如果条件表达式 1 为 False，则判断 elif 后的条件表达式 2 是否为 True，如果条件表达式 2 为 True，则执行语句块 2，然后结束整个分支选择结构；如果条件表达式 2 为 False，则继续依次判断后续的条件表达式 n，以此类推，直到条件表达式 n 都为 False，才执行 else 关键字冒号后的语句块 n+1，结束该分支语句。

这里需要注意的是，if 和 elif 后面都会接条件表达式，但 else 关键字后没有条件表达式；同时，else 子句不是必需的，可根据实际情况决定是否有这个语句；另外，所有的语句块最多只执行一次。

【例 3-3】 已知某课程的百分制分数 score，编写程序评定分数等级。说明：当 score≥90 分时，评定为"优秀"；当 80≤score<90 分时，评定为"良好"；当 70≤score<80 分时，评定为"中等"；当 60≤score<70 分时，评定为"及格"；59 分及以下评定为"不及格"。代码如下：

```
score = eval(input(' 请输入课程的百分制分数：'))
if score >= 90:
    print(' 分数等级为：', ' 优秀 ')
elif score >= 80:
    print(' 分数等级为：', ' 良好 ')
elif score >= 70:
    print(' 分数等级为：', ' 中等 ')
elif score >= 60:
    print(' 分数等级为：', ' 及格 ')
else:
    print(' 分数等级为：', ' 不及格 ')
```

当执行程序，输入 78 时，结果为：

```
请输入课程的百分制分数：78
分数等级为：中等
```

模拟输入 78 时，是先从大于或等于 90 分开始判断的，程序会从上到下依次判断条件

表达式，前两个表达式都不满足 True，第三个条件表达式为 True，故执行该表达式后续
语句块，结束整个分支选择结构。

思考：以下两种分支结构的表达式写法是否符合本案例逻辑？如不符合请分析原因。

写法一：

```
score = eval(input(' 请输入课程的百分制分数：'))
if score >= 60:
    print(' 分数等级为：',' 及格 ')
elif score >= 70:
    print(' 分数等级为：',' 中等 ')
elif score >= 80:
    print(' 分数等级为：',' 良好 ')
elif score >= 90:
    print(' 分数等级为：',' 优秀 ')
else:
    print(' 分数等级为：',' 不及格 ')
```

写法二：

```
score = eval(input(' 请输入课程的百分制分数：'))
if score < 60:
    print(' 分数等级为：',' 不及格 ')
elif score < 70:
    print(' 分数等级为：',' 及格 ')
elif score < 80:
    print(' 分数等级为：',' 中等 ')
elif score < 90:
    print(' 分数等级为：',' 良好 ')
else:
    print(' 分数等级为：',' 优秀 ')
```

3.1.4　分支结构的嵌套

前述的 if 多分支语句的应用场景是用于判断多个条件的情况，这些条件通常是平级
的。然而，在程序设计中，往往存在着条件中嵌套其他条件，决策判断中嵌套其他决策判
断的情况，例如，希望在条件成立的执行语句中再增加另一个条件判断。为了使程序更符
合 Python 语言的特点，Python 提供了嵌套选择结构来描述此种情况，即在 if 语句块中又
包含一个或多个 if 语句。分支结构的嵌套语法格式如下：

```
if < 条件表达式 1>:          # 第 1 层分支
    语句块 1
    if < 条件表达式 2>:       # 第 2 层分支
        语句块 2
        if < 条件表达式 3>:   # 第 3 层分支
```

```
            语句块 3
        else:
            语句块 4
    elif < 条件表达式 4>：        # 第 2 层分支
        语句块 5
        if < 条件表达式 3>：      # 第 3 层分支
            语句块 3
        elif < 条件表达式 3>：
            语句块 3
    else:                          # 第 2 层分支
        语句块 2


else:                              # 第 1 层分支
    语句块 2
```

分支嵌套的语法格式的本质是在分支语句块中设置条件分支，它主要体现在代码块的缩进。分支结构的嵌套原则上可以有多层，但一般建议不要超过 3 层。简单的嵌套选择结构也可通过逻辑运算符 (and、or) 来表达为多分支选择结构。

【例 3-4】 设计简单程序模拟车站乘客安检的场景。进入车站首先检查是否有车票。如果有车票，才允许进行下一步安检；如果没有车票，则提示："请先购票，才能进入安检。"下一步安检时需要检查携带危险物品管制刀具的长度。如果刀具长度超过 15 cm，则提示："携带管制刀具长度超过 15 cm，不允许上车。"如果刀具长度不超过 15 cm，则提示："安检通过，祝您旅途愉快！"代码如下：

```
has_ticket = input(' 请输入购票信息 (0- 未购票 ,1- 已购票 ):')
if has_ticket == '1':
    print(' 请进入下一步安检。')
    knife_lenght = eval(input(' 请输入模拟携带的管制刀具长度：'))
    if knife_lenght >= 15:
        print(' 携带管制刀具长度超过 15 cm, 不允许上车。')
    else:
        print(' 安检通过 , 祝您旅途愉快！ ')
else:
    print(' 请先购票 , 才能进入安检。')
```

程序模拟运行结果 1 如下：

```
请输入购票信息 :(0- 未购票 ,1- 已购票 )0
请先购票 , 才能进入安检。
```

程序模拟运行结果 2 如下：

```
请输入购票信息 :(0- 未购票 ,1- 已购票 )1
请进入下一步安检。
```

请输入模拟携带的管制刀具长度：13

安检通过，祝您旅途愉快！

程序模拟运行结果 3 如下：

请输入购票信息：(0- 未购票,1- 已购票)1

请进入下一步安检。

请输入模拟携带的管制刀具长度：19

携带管制刀具长度超过 15 cm, 不允许上车。

【例 3-5】　设计一个计算图书购书款的程序，如果有会员卡，购书 5 本以上，书款按照 6.5 折结算，购书 5 本以下，书款按照 7.5 折结算；如果没有会员卡，购书 5 本以上，书款按照 8 折结算，购书 5 本以下，书款按照 9 折结算。代码如下：

```python
has_card = bool(input(' 请输入会员卡号：（ 如无 , 则请回车。)'))
book_num = eval(input(' 请输入购书数量：'))
price = eval(input(' 图书单价：'))
if has_card:
    if book_num >= 5:
        sale = 0.65
    else:
        sale = 0.75
else:
    if book_num >= 5:
        sale = 0.8
    else:
        sale = 0.9
actual_pay = book_num * price * sale
print(' 您需要支付的金额为：%.2f 元。' % actual_pay)
```

程序模拟运行结果 1 如下：

请输入会员卡号：（ 如无 , 则请回车。)123456

请输入购书数量：6

图书单价：26

您需要支付的金额为：101.40 元。

程序模拟运行结果 2 如下：

请输入会员卡号：（ 如无 , 则请回车。)

请输入购书数量：6

图书单价：26

您需要支付的金额为：124.80 元。

3.1.5　选择结构综合案例

【例 3-6】　使用多分支流程结构编程设计程序，用户给定一个月份数值，输出该月属于哪个季节。提示：3、4、5 月为春季，6、7、8 月为夏季，9、10、11 月为秋季，12、1、2

月为冬季。代码如下：

```
month = int(input(' 请输入要判断的月份：'))
if month in [3, 4, 5]:
    print(month, ' 月是春季。')
elif month in [6, 7, 8]:
    print(month, ' 月是夏季。')
elif month in [9, 10, 11]:
    print(month, ' 月是秋季。')
else:
    print(month, ' 月是冬季。')
```

模拟运行程序的结果为：

```
请输入要判断的月份：4
4 月是春季。
```

【例 3-7】 使用分支流程结构编程设计程序，由用户输入两个数值 x、y，判断坐标点 (x，y) 所属象限范围。代码如下：

```
x = int(input(' 请输入 x 坐标值：'))
y = int(input(' 请输入 y 坐标值：'))
if x == 0 and y == 0:
    print(' 坐标在原点。')
elif x == 0:
    print(' 坐标在 y 轴。')
elif y == 0:
    print(' 坐标在 x 轴。')
elif x > 0 and y > 0:
    print(' 坐标在第一象限。')
elif x < 0 and y > 0:
    print(' 坐标在第二象限。')
elif x < 0 and y < 0:
    print(' 坐标在第三象限。')
else:
    print(' 坐标在第四象限。')
```

模拟运行程序的结果为：

```
请输入 x 坐标值：-2
请输入 y 坐标值：3
坐标在第二象限。
```

【例 3-8】 使用双分支流程结构编程设计程序，由用户输入一个年份信息，判断输入年份是否为闰年。判断闰年的条件是：年份能被 4 整除但不能被 100 整除，或者能被 400 整除。代码如下：

```
year = int(input(' 请输入要判断的年份：'))
```

```
if (year % 4 == 0 and year % 100 != 0) or year % 400 == 0:
    print(year, ' 年是闰年。')
else:
    print(year, ' 年是平年。')
```

模拟运行程序的结果为：

请输入要判断的年份：2024

2024 年是闰年。

【例 3-9】　编程设计"剪刀石头布"小游戏的案例。要求玩家从控制台模拟输入要出的拳，计算机随机出拳，比较胜负。说明：石头、剪刀、布分别用数字 1、2、3 代替，胜负规则为：石头胜剪刀，剪刀胜布，布胜石头。代码如下：

```
player = eval(input(" 请出拳 ( 石头 -1/ 剪刀 -2/ 布 -3): "))
import random
computer = random.randint(1, 3)
print(' 电脑出拳为：', computer)
if ((player == 1 and computer == 2) or
        (player == 2 and computer == 3) or
        (player == 3 and computer == 1)):
    print(' 玩家赢！ ')
elif (player == computer):
    print(' 平局！ ')
else:
    print(' 玩家输！ ')
```

上述程序模拟运行结果为：

请出拳 (石头 -1/ 剪刀 -2/ 布 -3): 2

电脑出拳为：3

玩家赢！

说明：

(1) 上述代码的第二行"import random"使用了 import 关键字导入随机数模块，然后使用"random.randint(a,b)"，返回 [a,b] 之间的整数 (包含 a 和 b)，如 random.randint(1,3) 生成 1~3(包含本数) 的随机整数。在此初体验使用 random 模块，后面章节会重点介绍模块。

(2) 如果 if 条件判断的内容太长，可以在条件表达式最外侧增加一对括号，再在每一个条件之间使用回车换行，Jupyter Notebook 和 PyCharm 等开发平台都可以自动增加缩进。

3.2　循 环 结 构

循环结构用于重复执行一条或多条语句，可以大量减少重复书写代码的工作量。Python 提供的循环结构有 for 循环和 while 循环两种形式。

3.2.1 for 循环

for 循环常用来遍历容器类对象 (列表、元组、字典、集合、字符串，以及 map、zip 等类似对象) 中的元素，遍历结构中容器类对象内数据的个数即为循环体循环的次数，故又叫遍历循环 (或计数循环)。其语法格式如下：

for <循环变量 > in< 遍历结构 >:
    循环体语句块
[else:
    else 子句语句块]

其中，for 和 in 是遍历循环的关键字，< > 中的部分是必有项，不可省略，关键字与 < > 中的部分彼此间使用空格进行分隔。循环变量可以是单个，也可以是多个 (需与遍历结构内对象彼此有关联)，但必须是 Python 的合法标识符。

另外，方括号内的 else 子句可以没有，要根据解决的问题来确定。如果 for 循环结构带 else 子句，则其执行过程为：当循环遍历完遍历结构中的全部元素而自然结束时，则继续执行 else 结构中的代码块；如果是因为执行了循环控制语句 break(见本书 3.2.4 节) 提前结束循环，则不会执行 else 子句的代码块。

【例 3-10】 使用 for 循环，计算 1～100 所有数的和。代码如下：

```
sum = 0
for i in range(1, 101):
    sum += i
print('1-100 所有整数的和为：', sum)
```

程序运行结果如下：

```
1-100 所有整数的和为：5050
```

上述程序涉及的语句 "range(1,101)" 中的 "range" 在 Python3 中是一个迭代器函数，用于生成一个数字序列，这个序列可以通过循环来迭代。range 函数的语法格式为 "range(start,stop,step)"，其中 start 是序列的起始值，stop 是序列的结束值 (不包含)，step 是序列中每个数字之间的差值，即步长。这 3 个参数都是可选的，可以根据需要选择不同的参数组合来生成不同的数字序列。

如果只传递一个参数，如 range(5)，则会生成一个从 0 开始到 4(指定值 −1) 结束的整数序列，即 0、1、2、3、4。如果传递两个参数，如 range(2,7)，则会生成一个从 2 开始到 6 结束的整数序列，即 2、3、4、5、6，上述案例涉及的 "range(1,101)"，即为生成 1～100 的所有整数。如果传递 3 个参数，如 range(1,10,2)，则会生成一个从 1 开始到 9 结束，步长为 2 的整数序列，即 1、3、5、7、9。

需要注意的是，range 函数返回的是一个迭代器，而不是一个列表。

【例 3-11】 编程在 1～100 中查找哪些数能满足："三三数之剩二，五五数之剩三，七七数之剩二" 代码如下：

```
for i in range(1, 101):
    if i % 3 == 2 and i % 5 == 3 and i % 7 == 2:
        print(' 满足条件的数为：', i)
```

程序运行结果为：

满足条件的数为：23

3.2.2　while 循环

while 循环是一种由条件控制的循环，又叫条件循环。与 for 循环明显的区别在于其事先并不知道循环即将执行的次数，而是由循环条件表达式的值决定是否结束循环。其语法格式如下：

while < 循环条件 >:
　　< 循环体语句块 >
[else:
　　else 子句语句块]

其中，while 是条件循环的关键字，< > 中的循环条件和循环体语句块部分是必有项，不可省略。while 循环语句执行时，首先判断循环条件，当条件为 True 时，执行循环体语句块；当条件为 False 时，循环终止，如果有 else 子句则执行 else 子句。程序流程图如图 3-2 所示。

while 条件循环需要注意的是循环条件表达式涉及的变量要有所改变，不能让循环条件的值一直为 True，否则程序就会进入一直运行状态 (俗称死循环)。

另外，方括号内的 else 子句可以没有，要根据解决的问题来确定。当循环条件的值等价于 True 时，就一直执行循环体，直到循环条件的值等价于 False 或者循环体执行了 break 语句则结束循环。如果因为循环条件不成立而结束循环，就继续执行 else 子句语句块；如果因为执行了循环控制语句 break 而结束循环，则不会执行 else 子句语句块。

图 3-2　while 循环流程图

【例 3-12】　使用 while 循环，计算 1～100 所有数的和。代码如下：

```
sum = 0
i = 1
while i <= 100:
    sum += i
    i += 1
print('1-100 所有整数的和为：', sum)
```

程序运行结果如下：

1-100 所有整数的和为：5050

从例 3-12 程序可以看出，首先对求和变量 sum 赋初始值 0，循环变量 i 赋初始值 1，之后判断 while 循环条件是否为 True，如果为 True，则执行循环体语句更新变量 sum 的值，同时，将循环变量 i+1，当循环变量 i 为 101 时，循环条件为 False，则退出循环，执行循环语句的后继语句 print 函数，将 1～100 所有整数的和显示出来。

【例 3-13】　3000 米长的绳子，每天减一半，多少天这个绳子会小于 5 米？代码如下：

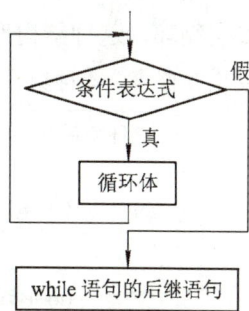

```
l = 3000
day = 0
while l >= 5:
    day += 1
    l /= 2
print(day, ' 天后这个绳子会小于 5 米。')
```

程序运行结果如下：

10 天后这个绳子会小于 5 米。

3.2.3　循环嵌套

循环嵌套是指在一个循环中，由于程序需要而嵌入另一个或多个循环结构，从而形成多层循环，这种结构形式又称为多层循环结构。两种循环语句 (for 循环和 while 循环) 可以相互嵌套，4 种组合形式如图 3-3 所示。

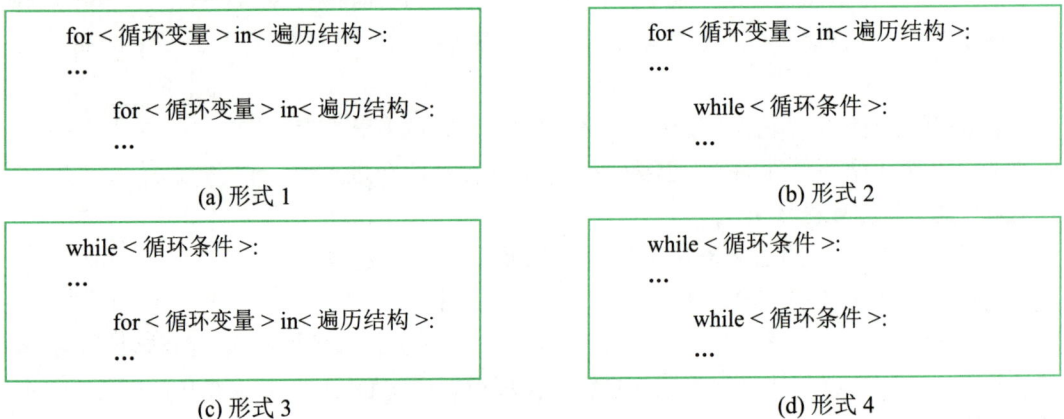

```
for < 循环变量 > in< 遍历结构 >:
    …
        for < 循环变量 > in< 遍历结构 >:
            …
```

(a) 形式 1

```
for < 循环变量 > in< 遍历结构 >:
    …
        while < 循环条件 >:
            …
```

(b) 形式 2

```
while < 循环条件 >:
    …
        for < 循环变量 > in< 遍历结构 >:
            …
```

(c) 形式 3

```
while < 循环条件 >:
    …
        while < 循环条件 >:
            …
```

(d) 形式 4

图 3-3　循环嵌套的 4 种形式

循环嵌套的逻辑流程与分支结构的嵌套类似，支持多重嵌套，嵌套的循环类型可以相同或不同。但要注意各层循环之间不能逻辑交叉，所以在实际编程过程中需要注意多层循环的冒号与缩进，确保逻辑清晰。

循环嵌套的循环次数等于每一层循环次数的乘积。一般循环设计中，建议最多设计三层相互嵌套，否则程序容易出现运行缓慢现象。

【例 3-14】　编写程序运用循环嵌套打印九九乘法表，程序运行结果如图 3-4 所示。

```
1*1= 1 1*2= 2 1*3= 3 1*4= 4 1*5= 5 1*6= 6 1*7= 7 1*8= 8 1*9= 9
2*1= 2 2*2= 4 2*3= 6 2*4= 8 2*5=10 2*6=12 2*7=14 2*8=16 2*9=18
3*1= 3 3*2= 6 3*3= 9 3*4=12 3*5=15 3*6=18 3*7=21 3*8=24 3*9=27
4*1= 4 4*2= 8 4*3=12 4*4=16 4*5=20 4*6=24 4*7=28 4*8=32 4*9=36
5*1= 5 5*2=10 5*3=15 5*4=20 5*5=25 5*6=30 5*7=35 5*8=40 5*9=45
6*1= 6 6*2=12 6*3=18 6*4=24 6*5=30 6*6=36 6*7=42 6*8=48 6*9=54
7*1= 7 7*2=14 7*3=21 7*4=28 7*5=35 7*6=42 7*7=49 7*8=56 7*9=63
8*1= 8 8*2=16 8*3=24 8*4=32 8*5=40 8*6=48 8*7=56 8*8=64 8*9=72
9*1= 9 9*2=18 9*3=27 9*4=36 9*5=45 9*6=54 9*7=63 9*8=72 9*9=81
```

图 3-4　九九乘法表

程序代码如下：

```
for i in range(1, 10):
    for j in range(1, 10):
        print('%i*%i=%2d' % (i, j, i * j), end=' ' * 2)
    print()
```

思考：修改本案例程序，分别打印如图 3-5 所示的九九乘法表。

```
1*1= 1
2*1= 2 2*2= 4
3*1= 3 3*2= 6 3*3= 9
4*1= 4 4*2= 8 4*3=12 4*4=16
5*1= 5 5*2=10 5*3=15 5*4=20 5*5=25
6*1= 6 6*2=12 6*3=18 6*4=24 6*5=30 6*6=36
7*1= 7 7*2=14 7*3=21 7*4=28 7*5=35 7*6=42 7*7=49
8*1= 8 8*2=16 8*3=24 8*4=32 8*5=40 8*6=48 8*7=56 8*8=64
9*1= 9 9*2=18 9*3=27 9*4=36 9*5=45 9*6=54 9*7=63 9*8=72 9*9=81
```

```
1*1= 1 1*2= 2 1*3= 3 1*4= 4 1*5= 5 1*6= 6 1*7= 7 1*8= 8 1*9= 9
        2*2= 4 2*3= 6 2*4= 8 2*5=10 2*6=12 2*7=14 2*8=16 2*9=18
               3*3= 9 3*4=12 3*5=15 3*6=18 3*7=21 3*8=24 3*9=27
                      4*4=16 4*5=20 4*6=24 4*7=28 4*8=32 4*9=36
                             5*5=25 5*6=30 5*7=35 5*8=40 5*9=45
                                    6*6=36 6*7=42 6*8=48 6*9=54
                                           7*7=49 7*8=56 7*9=63
                                                  8*8=64 8*9=72
                                                         9*9=81
```

(a) 下三角　　　　　　　　　　　　　　　　　　　(b) 上三角

图 3-5　九九乘法表的另外两种显示效果

图 3-5(a) 显示效果参考代码如下：

```
for i in range(1, 10):
    for j in range(1, i + 1):
        print('%i*%i=%2d' % (i, j, i * j), end=' ' * 2)
    print()
```

图 3-5(b) 显示效果参考代码如下：

```
for i in range(1, 10):
    for n in range(1, i):
        print(end=' ' * 8)
    for j in range(i, 10):
        print('%i*%i=%2d' % (i, j, i * j), end=' ' * 2)
    print()
```

【例 3-15】　鸡兔同笼问题：鸡兔共有 36 只，脚有 100 只，则鸡和兔各有多少只？代码如下：

```
for chicken_num in range(1, 37):
    for rabbit_num in range(1, 37):
        if (chicken_num + rabbit_num)==36 and (2 * chicken_num + 4 * rabbit_num) ==100:
            print(' 鸡有 %d 只 , 兔有 %d 只。 ' % (chicken_num, rabbit_num))
```

程序运行结果为：

鸡有 22 只 , 兔有 14 只。

3.2.4　循环控制语句

循环结构 (for 循环和 while 循环) 有两个辅助循环控制的语句，分别是 break 语句和 continue 语句。

break 语句用于提前结束整个循环，接着执行循环结构的后继语句。

continue 语句用于结束当次循环，即跳过循环体中尚未执行的语句，回到循环的起始位置，如果循环条件满足就开始执行下一次循环。

注意： 当多个循环语句彼此嵌套时，break 语句和 continue 语句只用于当前层级循环语句的控制，即 break 语句只能结束最近的一层循环，continue 语句只跳过当前层级循环体尚未执行的语句。

【例 3-16】 使用循环控制语句编写程序：要求输入若干学生成绩，如果成绩小于 0 或大于 150，则不计入统计数据，做相关提示后要求重新输入；如若退出程序，可按"q"键或"Q"键结束程序执行。最后统计学生人数和平均成绩。代码如下：

```
num = 0
scores = 0
while True:
    score = input(' 请输入学生成绩： ')
    if score == 'q' or score == 'Q':
        break
    if eval(score) < 0 or eval(score) > 150:
        print(' 输入成绩超过允许值范围！ ')
        continue
    num += 1
    scores += eval(score)
print(' 共计学生人数为 %d, 平均成绩为 %.2f 分。 ' % (num, scores / num))
```

程序模拟运行结果如下：

```
请输入学生成绩：60
请输入学生成绩：80
请输入学生成绩：190
输入成绩超过允许值范围！
请输入学生成绩：-20
输入成绩超过允许值范围！
请输入学生成绩：120
请输入学生成绩：20
请输入学生成绩：q
共计学生人数为 4, 平均成绩为 70.00 分。
```

【例 3-17】 打印显示 200～300 之间能被 3 整除的数。要求一行显示 10 个数，程序运行结果如图 3-6 所示。

```
200~300之间能被3整除的数有：
201 204 207 210 213 216 219 222 225 228
231 234 237 240 243 246 249 252 255 258
261 264 267 270 273 276 279 282 285 288
291 294 297 300
```

图 3-6　200～300 之间能被 3 整除的数

程序代码如下：

```
n = 0
```

```
print('200-300 之间能被 3 整除的数有：')
for i in range(200, 301):
    if i % 3 != 0:
        continue
    print(i, end=' ')
    n += 1
    if n % 10 == 0:
        print()
```

【例 3-18】　用户输入一个 1～100 的整数，根据这个整数，计算出 1 到这个整数间的偶数之和。

程序代码如下：

```
num = eval(input(' 请输入一个 1～100 的整数：'))
sum = 0
for i in range(1, num + 1):
    if (i % 2 != 0):
        continue
    sum += i
print('1-%d 之间的偶数累加和为 %d。' % (num, Sum))
```

程序模拟运行结果如下：

请输入一个 1-100 的整数：68
1-68 之间的偶数累加和为 1190。

模拟运行时，当用户输入 68 时，输出结果为 1190，表示 1～68 之间的所有偶数和为 1190。程序中 continue 语句的作用是当循环变量 i 为奇数时，跳过本次循环，不执行 sum+=i 语句，而是回到 for 循环的起始位置，继续遍历下一个值；当 i 遍历到下一个值为偶数时，这里的 if 语句涉及的条件表达式为 False，不会执行 continue 语句，而是执行 sum+=i，即对 sum 变量做值的修改累加，最后得到 1～68 之间的所有偶数和为 1190。

本例中，如果将 continue 语句换成 break 语句，那么上述程序中，无论用户输入 1～100 中的哪个整数，都会在刚执行循环遍历初始值为 1 时就跳出整个循环，然后输出 sum 变量值为零，读者可自行尝试领会这两个语句的不同。

【例 3-19】　设计一个程序 (使用 while -else 循环结构)，用于录入学生爱好。要求最多只能录入 3 个爱好 (每次只能录入一个)，如果正常录入 3 个，则输出"您一共录入 3 个爱好"，如果输入"q"中断退出，导致未录入 3 个爱好，则不输出"您一共录入 3 个爱好"。

程序代码如下：

```
hobbies = ''
count = 0
while count < 3:
    s = input(' 请输入您的爱好 ( 最多 3 个 , 如需中断可按 q 结束 ):')
    if s == 'q':
```

```
            break
        hobbies += s + ' '
        count += 1
else:
        print(' 您一共输入了 3 个爱好。')
print(' 您的爱好为：%s。' % (hobbies))
```

程序模拟运行 1 结果如下：

请输入您的爱好 (最多 3 个 , 如需中断可按 q 结束): 运动

请输入您的爱好 (最多 3 个 , 如需中断可按 q 结束): 旅行

请输入您的爱好 (最多 3 个 , 如需中断可按 q 结束): 音乐

您一共输入了 3 个爱好。

您的爱好为：运动 旅行 音乐 。

程序模拟运行 2 结果如下：

请输入您的爱好 (最多 3 个 , 如需中断可按 q 结束): 旅行

请输入您的爱好 (最多 3 个 , 如需中断可按 q 结束):q

您的爱好为：旅行 。

3.2.5   循环结构综合案例

【例 3-20】   案例背景：一栋楼房有 5 层楼，每层 4 套屋子，要求打印这栋楼各房间的房间号。每层楼房间号打印在一行，格式为"1 层 -103""2 层 -202"。

程序代码如下：

```
for i in range(1, 6):
    for j in range(1, 5):
        print('%i 层 -%i0%i' % (i, i, j), end=' ')
    print()
```

程序运行结果为：

1 层 -101 1 层 -102 1 层 -103 1 层 -104

2 层 -201 2 层 -202 2 层 -203 2 层 -204

3 层 -301 3 层 -302 3 层 -303 3 层 -304

4 层 -401 4 层 -402 4 层 -403 4 层 -404

5 层 -501 5 层 -502 5 层 -503 5 层 -504

【例 3-21】   编写程序，由用户输入一个正整数，统计该输入数的各位数字中 0 的个数，并求各位数字中的最大值，如输入 10086，则输出：0 的个数为 2，最大数为 8。

程序代码如下：

```
player = input(' 请输入一个正整数：')
count_0 = 0
max_num = 0
for i in player:
```

```
    i = int(i)
    if i == 0:
        count_0 += 1
    if i > max_num:
        max_num = i
print(' 输入数的各位数字中 0 的个数有 %i 个 , 最大数为 %i。' % (count_0, max_num))
```

程序模拟运行结果为：

请输入一个正整数：100861109

输入数的各位数字中 0 的个数有 3 个，最大数为 9。

【例 3-22】　编写程序，求解百钱买百鸡问题。假设公鸡 5 元 1 只，母鸡 3 元 1 只，小鸡 1 元 3 只，现有 100 元钱想买 100 只鸡，试输出买鸡的详细方案 (示例：第 n 种方案为买公鸡 x 只，母鸡 y 只，小鸡 z 只)，共计有多少种买法？

程序代码如下：

```
n = 0
for i in range(0, 20):
    for j in range(0, 33):
        k = 100 - (i + j)
        if k % 3 == 0 and 5 * i + 3 * j + k / 3 == 100:
            n += 1
            print(' 方案 %i: 买公鸡 %i 只 , 母鸡 %i 只 , 小鸡 %i 只 ' % (n, i, j, k))
```

程序运行结果为：

方案 1: 买公鸡 0 只，母鸡 25 只，小鸡 75 只

方案 2: 买公鸡 4 只，母鸡 18 只，小鸡 78 只

方案 3: 买公鸡 8 只，母鸡 11 只，小鸡 81 只

方案 4: 买公鸡 12 只，母鸡 4 只，小鸡 84 只

【例 3-23】　在循环结构中使用 else 语句，打印 100 以内所有的质数。质数是指大于 1 的自然数中，只有 1 和它本身两个因数，不能被其他自然数整除的数。

程序代码如下：

```
print('1-100 以内的质数有：')
for i in range(2, 101):
    for j in range(2, i):
        if i % j == 0:
            break
    else:
        print(i, end=' ')
```

程序运行结果为：

1-100 以内的质数有：

2 3 5 7 11 13 17 19 23 29 31 37 41 43 47 53 59 61 67 71 73 79 83 89 97

【例 3-24】　用 while 循环语句设计一个"打靶"小游戏。设定靶心为 10，计算机随

机生成 1～10 之间的整数代表打靶，如射中，则提示胜利，没射中靶心则一直练习。要求输出共计打靶的次数。

程序代码如下：

```
import random
center = 10
count = 0
while True:
    position = random.randint(1, 10)
    count += 1
    if position == center:
        print(' 恭喜您打中了靶心！')
        break
print(' 您共计打靶 %i 次。' % count)
```

模拟运行结果为：

```
恭喜您打中了靶心！
您共计打靶 4 次。
```

【例 3-25】 编程设计一个猜数字小游戏。要求：计算机随机生成一个 1～100 之间的整数代表待猜测值，根据玩家猜测数值给出提示相关信息：猜大或者小了，用户最多有 5 次机会，否则打印"游戏失败！"，并且退出程序。

程序代码如下：

```
import random
guessnum = random.randint(1, 100)
for n in range(1, 6):
    player = int(input(' 您共还有 %i 次机会 , 请输入您所猜之数 (1-100 之间 )：' % (6 - n)))
    if player > guessnum:
        print(' 猜大了！')
    elif player < guessnum:
        print(' 猜小了！')
    else:
        print(' 恭喜您 , 猜中了！')
        break
else:
    print(' 游戏失败！')
```

程序模拟运行结果 1 为：

```
您共还有 5 次机会 , 请输入您所猜之数 (1-100 之间 )：50
猜小了！
您共还有 4 次机会 , 请输入您所猜之数 (1-100 之间 )：75
猜小了！
您共还有 3 次机会 , 请输入您所猜之数 (1-100 之间 )：88
```

猜大了！

您共还有 2 次机会，请输入您所猜之数 (1-100 之间)：80

猜大了！

您共还有 1 次机会，请输入您所猜之数 (1-100 之间)：78

猜大了！

游戏失败！

程序模拟运行结果 2 为：

您共还有 5 次机会，请输入您所猜之数 (1-100 之间)：50

猜小了！

您共还有 4 次机会，请输入您所猜之数 (1-100 之间)：85

恭喜您，猜中了！

【例 3-26】　输入一个由数字和字母组成的字符串，统计其包含的数字个数和字母个数。程序代码如下：

```python
player = input(' 请输入数字和字母组成的字符串：')
count_num = 0
count_alp = 0
for i in player:
        if i.isalpha():
                count_alp += 1
        else:
                count_num += 1
print(' 共计输入了 %i 个数字 ,%i 个字母。' % (count_num, count_alp))
```

程序模拟运行结果为：

请输入数字和字母组成的字符串：hellopython123

共计输入了 3 个数字 ,11 个字母。

3.3　程序的异常处理

3.3.1　异常的常见形式

异常通常是指在程序运行时，因输入数据不合法、某条件不满足或发生其他意外情况，导致程序无法继续按预期执行而触发的错误事件，如除数为零、变量不存在或拼写错误、索引越界、内存不足、文件不存在等。程序中一旦发生异常且得不到处理，则 Python 解释器会自动处理异常，典型的做法是将用户程序中断，然后输出异常类型信息。

例如：

```
ValueError                Traceback (most recent call last)
<ipython-input-19-6d48cd5d703f> in <module>()
----> 1 player =int(input(" 请输入一个整数："))
ValueError: invalid literal for int() with base 10: '2.3'
```

上面一段异常报错信息中最后一行的内容就是提示程序运行中发生的异常。遇到此类情况时不必紧张，只需仔细阅读错误提示信息，根据提示发现发生异常的原因，尝试修改解决即可。异常提示的最后一行一般都会给出异常错误的类型，倒数第二行一般会提示导致错误的代码行数。如上述报错异常为 ValueError，出现问题的原因是第 1 行代码运行中输入的值错误。

Python 常见的异常类型如表 3-1 所示。

表 3-1　Python 常见的异常类型

异常类型	说　　明
IndentationError	缩进错误
NameError	未声明、未初始化对象
ImportError	导入模块 / 对象失败
ZeroDivisionError	除数为 0 时引发的错误
SyntaxError	语法错误
TypeError	类型不合适引发的错误
ValueError	传入无效的参数
IndexError	索引超出序列范围
KeyError	请求一个不存在的字典关键字引发的错误
EOFError	读取超过文件结尾
AttributeError	访问未知的对象属性引发的错误
MemoryError	内存溢出错误

在 Python 语言中，Python 解释器中报错的异常信息大致可以分为两大类：

(1) 语法错误 (Syntax Error)：语法不正确，程序无法运行。

(2) 异常错误 (Exception Error)：语法正确，在运行时被 Python 解释器检测到违反规则的错误。

从程序实现的视角来看，语法错误与异常错误的区别是：语法错误不能用异常处理语句 try 捕捉到，但异常错误能够用异常处理语句 try 捕捉到。

从程序运行的视角来看，语法错误是程序本身的错误，违反了语法规则，程序不能运行；异常错误不是程序本身的错误，是程序在运行过程中，由于外部条件如除数为0、访问的文件不存在、没有访问权限、数据库已关闭等，造成程序不能正常运行，这时程序员需要捕捉异常错误，并告诉程序当异常发生时如何处理。

3.3.2　异常处理结构语法

高质量的 Python 程序通常会充分考虑程序运行中可能发生的错误，并通过异常处理机制进行预防和处理，例如提供提示信息或忽略特定异常，这就叫异常处理。异常处理的一般思路是首先尝试运行代码，如果不出现异常就正常执行，如果发生异常就根据异常类型的不同采取相应的处理方案。异常处理结构语法格式如下：

```
try:
```

```
    语句块 1                  # 可能引发异常的代码块
except 异常类型 1 [as 变量 1] :
    语句块 2                  # 处理异常类型的代码块
except 异常类型 2 [as 变量 2]:
    语句块 3                  # 处理异常类型的代码块
...
[else:
    语句块 4
    # 如果 try 块中的代码没有发生异常，就执行这里的代码块
]
[finally:
    语句块 5
    # 不管 try 块中的代码是否发生异常，也不管异常是否被处理
    # 总是最后执行这里的代码块
]
```

以上语法结构中，else 和 finally 是可选项，是否使用它们应根据程序需求决定，except 语句的数量也要根据具体业务逻辑来确定。except 语句中的 as 变量名也是可选项，可以把异常类型赋值给变量，常用于输出异常信息。

当语句是 try...except 结构时，把一段可能要发生异常的代码块放在 try 语句块 1 中。如果抛出了与 except 子句匹配的异常类型，则程序就执行对应的 except 语句块；如果不抛出任何异常，则程序就不执行 except 下面的语句块，而会执行该语法结构的后继语句。

当语句是 try...except...else 结构时，则基于以上描述，如果 try 块中的代码没有发生异常，就执行 else 里的语句块 4。简单地说，如果 try 出现异常，则执行 except 语句块，否则执行 else 语句块。它常用于处理未捕捉到异常的情形，else 后的语句块可以看作对 try 语句块正常执行后的一种追加处理。

无论 try 语句块中的代码是否抛出异常，finally 语句块中的代码都会执行。finally 通常用于释放外部资源，执行内存清理工作，如关闭文件、关闭数据库连接、释放资源等。若没有资源要释放或清理，则不使用 finally 语句块。

【例 3-27】　要求用户输入一个正整数，计算出 1 到这个数间的偶数之和。对用户输入数据的有效性进行检测，如果输入正整数就继续完成计算，否则给出相应提示。

程序代码如下：

```
Sum = 0
try:
    num = eval(input(' 请输入一个正整数：'))
    assert num > 0, ' 不是正数。'
    assert num % 1 == 0, ' 不是整数。'
except AssertionError as e1:
    print(' 您输入的不是正数。')
    print(' 程序出现报错信息为：', e1)
```

```
    except AssertionError as e2:
        print(' 您输入的不是整数。')
        print(' 程序出现报错信息为：', e2)
    except NameError as e3:
        print(' 您输入的值不是数字。')
        print(' 程序出现报错信息为：', e3)
    else:
        for i in range(1, num + 1):
            if (i % 2 != 0):
                continue
            Sum += i
        print('1-%d 之间的偶数累加和为 %d。' % (num, Sum))
```

上述程序中涉及的 assert 语句用于在代码中设置检测点，当检测的表达式为 True 时，程序继续往下执行，不作任何处理；当检测的表达式为 False 时，程序会中断执行，抛出 AssertionError 异常错误，并将后续参数输出。本例的 except 就涉及 AssertionError 异常错误检测。

当程序模拟运行输入 20 时，结果如下：

请输入一个正整数：20
1-20 之间的偶数累加和为 110。

当程序模拟运行输入 −20 时，结果如下：

您输入的不是正数。
程序出现报错信息为： 不是正数。

当程序模拟运行输入 20.6 时，结果如下：

请输入一个正整数：20.6
您输入的不是整数。
程序出现报错信息为： 不是整数。

当程序模拟运行输入 kan 时，结果如下：

请输入一个正整数：kan
您输入的值不是数字。
程序出现报错信息为： name 'kan' is not defined

习　　题

一、选择题

(1) 以下代码的输出结果是 (　　　)。

```
if 1:
    print('Hello Python!')
else:
    print(' 语法错误 !')
```

A. 没有任何输出　　　　　　　B. 输出 'Hello Python!'

C. 输出 ' 语法错误 !'　　　　　　D. 运行时报错

(2) 执行下列 Python 语句将产生的结果是 (　　)。

```
x = 2
y = 2.0
print('Equal') if x == y else print('Not Equal')
```

A. Equal　　　　　　　　　　B. NotEqual

C. 编译错误　　　　　　　　　D. 运行时错误

(3) 用 if 语句表示如下分段函数 $f(x)$，下列程序不正确的是 (　　)。

$$f(x) = \begin{cases} 2x+1 & x \geqslant 1 \\ \dfrac{3x}{x-1} & x < 1 \end{cases}$$

A. if(x>=1):f=2*x+1

　　f=3*x/(x−1)

B. if(x>=1):f=2*x+1

　　if(x<1):f=3*x/(x−1)

C. f=2*x+1

　　if(x<1):f=3*x/(x−1)

D. if(x<1):f=3*x/(x−1)

　　else:f=2*x+1

(4) 在 Python 中，使用 for-in 构成的循环不能遍历的数据类型是 (　　)。

A. 字典　　　　　　　　　　　B. 列表

C. 浮点数　　　　　　　　　　D. 字符型

(5) 以下代码的输出结果是 (　　)。

```
i = s = 0
while i <= 10:
    s += i
    i += 1
print(s)
```

A. 0　　　　　　　　　　　　B. 25

C. 55　　　　　　　　　　　　D. 以上结果都不对

(6) 以下代码的输出结果是 (　　)。

```
m = 5
while m == m:
    print('m')
```

A. 输出 1 次 m　　　　　　　　B. 输出 1 次 5

C. 输出 5 次 m　　　　　　　　D. 无限次输出 m，直到终止程序

(7) 以下代码的输出结果是 (　　)。

```
for ch in 'PYTHON PROJECT':
    if ch == ' ':
        break
    if ch == 'O':
```

```
        continue
    print(ch, end='')
```

A. PYTHON   B. PYTHONPROJECT
C. PYTHN   D. PROJECT

二、填空题

(1) 表达式 "2 and 3" 的值为 _____。

(2) 表达式 "not {}" 的值为 _____。

(3) 在 Python 无穷循环 "while True:" 的循环体中可以使用 _____ 语句退出循环。

(4) Python 语句 "for i in range(1,21,5):print(i,end='')" 的输出结果为 _____。

(5) Python 语句 "for i in range(10,1,-2):print(i,end='')" 的输出结果为 _____。

(6) 循环语句 "for i in range(-3,21,4)" 的循环次数为 _____。

(7) 要使语句 "for i inrange(?,-4,-2)" 循环执行 6 次，则循环变量 i 的初值应当为 _____。

(8) 执行下列 Python 语句后的输出结果为 _____，循环执行了 _____ 次。

```
i=-1
while i<0:i*=i
print(i)
```

三、综合题

(1) 完成本章涉及知识点案例的练习，熟悉 Python 语言的 3 种基本控制结构，掌握异常处理的常见方法。

(2) 根据邮件的重量和用户是否选择加急计算邮费。计算规则为：重量在 1 kg 以内 (含)，基本费 12 元；超过 1 kg 的部分，每 0.5 kg 加收超重费 4 元，不足 0.5 kg 部分按 0.5 kg 计算。如果用户选择加急，则多收 10 元。输入邮件重量 (单位为 kg)，输入一个字符表示是否加急 (y 表示加急，n 表示不加急)。输出一个整数，表示邮费。

(3) 某移动通信公司的手机话费收费标准规定为：若为固定套餐用户，则每月固定费用 50 元，可打电话 300 min，超出 300 min，每分钟收费 0.1 元；若为非固定套餐用户，则每分钟电话费 0.3 元。模拟输入某人一个月的通话时间以及是否为固定套餐用户 (输入 y 表示固定套餐用户，输入 n 表示非固定套餐用户)，计算话费。

(4) 用 1、2、3、4 四个数字组成互不相同且无重复数字的 3 位数，输出所有这样的 3 位数，每行输出 6 个。

(5) 编程计算三位整数中有哪些数是水仙花数。水仙花数是指一个三位正整数每个数位上的数的立方和等于它本身。例如：$153 = 1^3 + 5^3 + 3^3$，所以 153 是一个水仙花数。

第 4 章　序列数据类型

在 Python 编程语言中，序列数据类型 (Sequence Data Types) 是指按特定顺序依次排列的一组数据，Python 中的序列类型主要包括列表 (list)、元组 (tuple)、字符串 (str)、字典 (dict) 和集合 (set)。其中列表、元组和字符串是有序序列，都按顺序保存元素，每个元素都有一个特定位置索引，因此列表、元组、字符串的元素都可以通过索引 (index) 来访问。而字典和集合存储的数据都是无序的，不支持通过索引来访问元素，字典是以键和值 (key-value) 的形式保存数据。

4.1　序列数据类型通用操作函数

序列数据类型通用操作函数有许多，以下列出几个最常用的通用操作函数。

(1) len()：适用于对列表、元组、字符串、字典、集合等序列进行操作，用于返回序列类型的元素个数。

(2) max()、min()：适用于列表、元组、字符串、字典、集合、迭代器对象等，要求序列中所有元素之间进行大小比较，用于返回最大或最小元素。

(3) sum()：对数值型序列的元素进行求和运算，对非数值型列表进行运算要指定其第二个参数，适用于元组、集合、range 对象、字典、map 对象及 filter 对象等。

(4) 索引和切片：对于有序序列而言，索引和切片是通用操作函数。s[i]：索引，返回序列 s 中的第 i 个元素，i 是序列的序号 (从 0 开始)；s[i:j] 或 s[i:j:k]：切片，返回序列 s 中从第 i 个到第 j 个元素 (不包括第 j 个) 的子序列，步长为 k。如果 k 未指定，默认为 1。

以上通用操作函数的具体案例将在后面不同的序列类型中详细介绍。

4.2　列　　表

Python 中的列表是一种很常用的、有序且可变的序列数据类型，列表中允许存储多个元素，所有元素存放在一对方括号中，相邻元素使用逗号进行分隔，并且这些元素可以是同一类型，也可以是不同类型。元素的数据类型可以是整数、字符串、实数、复数等基本类型，也可以是列表、元组、字典、集合、函数或其他对象。

本小节主要通过列表创建及删除、列表元素访问与切片、列表常用方法和函数、列表运算和列表推导式五个方面来对列表进行详细介绍。

4.2.1 列表的创建与删除

1. 列表创建

列表的创建通常有两种方法：第一种是直接把数据元素存放在一对方括号中，元素之间用英文逗号","分隔；第二种是使用 Python 内置函数 list() 把不同数据类型诸如元组、字符串、字典、集合或其他类似于 range、enumerate、map 和 zip 等可迭代的对象转换为列表。

在 Python 中，元素在列表中的位置可以用索引或者下标来表示，索引可以是正索引，也可以是负索引，正索引表示从左边 0 位开始，负索引表示从右边 -1 开始。

【例 4-1】 使用方括号 [ ] 创建列表。代码如下：

```
list1 = [1,3,5,7,9]
list2 = [2,4,(6,8),10]
list3 = ["p","y","t","h","o","n"]
print(f"list1：{list1}")
print(f"list2：{list2}")
print(f"list3：{list3}")
```

list1、list2、list3 的输出结果分别为：

```
list1：[1, 3, 5, 7, 9]
list2：[2, 4, (6, 8), 10]
list3：['p', 'y', 't', 'h', 'o', 'n']
```

list1 列表中有 5 个元素，每个元素都是整数类型；list2 列表中有 4 个元素，其中第三个元素是元组类型；list3 列表中有 6 个元素，每个元素都是字符串类型。其中，列表的长度等于列表元素个数，可用 len( ) 函数来计算列表的长度。

【例 4-2】 使用 list( ) 创建列表。代码如下：

```
list4 = list(range(5,11))
list5 = list({1,2,3,4,5})
list6 = list("Python" )
print(f"list4：{list4}")
print(f"list5：{list5}")
print(f"list6：{list6}")
```

list4、list5、list6 的输出结果分别为：

```
list4：[5, 6, 7, 8, 9, 10]
list5：[1, 2, 3, 4, 5]
list6：['P', 'y', 't', 'h', 'o', 'n']
```

以上的 list4、list5、list6 都是使用 list( ) 函数来创建列表的，list4 是将一个 range 对象转换为列表，list5 是将一个集合转换为列表，list6 是将一组字符串转换为列表。从 list6 的输出结果可知，当把字符串转换成列表时，原字符串内的各个元素之间用逗号隔开。

2. 列表删除

Python 列表的删除操作有两种不同的方法，第一种方法是 del 命令把已创建好的列表删除；第二种方法是使用 del 通过索引或切片把列表内的指定元素或指定范围内元素删除。在后面 4.2.3 小节列表的常用方法中将具体介绍 pop( )、remove( )、clear( ) 方法来删除列表元素。

【例 4-3】　用 del 命令删除列表。代码如下：

```
list1=[1,3,5,7,9]
del list1
print(list1)
```

删除 list1 后的输出结果为：

```
NameError                    Traceback (most recent call last)
<iPython-input-7-e22bdd8b6f0c> in <module>
      1 list1=[1,3,5,7,9]
      2 del list1
----> 3 print(list1)
NameError: name 'list1' is not defined
```

根据运行结果提示：name 'list1' is not defined，这是因为使用了 del 命令将原本已经创建好的列表 list1 删除了。

【例 4-4】　用 del 命令删除列表中的元素。代码如下：

```
list1 = [1,3,5,7,9]
del list1[0]
print(list1)
```

删除指定索引为 0 元素后的输出结果为：

```
[3, 5, 7, 9]
```

根据运行结果所示，删除索引为 0 元素后，元素"1"被删除了。

4.2.2　列表元素的访问与切片

在 Python 中，列表属于有序序列，列表中的元素有严格的先后顺序，每个元素都有对应的下标索引位置，因此可以使用下标索引来访问列表中的某个特定元素，也可以使用切片来获取列表子集。

1. 使用下标索引访问列表元素

列表的索引从 0 开始，所以列表的第一个元素的索引是 0，第二个元素的索引是 1，以此类推。

【例 4-5】　使用下标索引访问列表元素。代码如下：

```
List = list(range(1,11))
print(f"List : {List}")
print(f"List[7] : {List[7]}")
```

输出 List 和输出 List 中索引为 7 的元素的结果为：

```
List: [1, 2, 3, 4, 5, 6, 7, 8, 9, 10]
```

List[7]: 8

注意：使用下标索引访问列表元素时，注意下标索引越界的问题，列表的下标索引范围是 [0，n-1]，这里的 n 指的是列表的长度。例如：

print(List[10])

当输出 List 中索引为 10 的元素时，其输出结果为：

IndexError　Traceback (most recent call last)<iPython-input-15-d2b1ce9e9848> in <module>----> 1 print (List[10])

IndexError: list index out of range

根据输出结果提示的是 list index out of range，原因是 List 中最大索引为 9，当访问的下标索引为 10 时，出现下标索引越界，抛出异常。

当使用下标索引访问列表元素时，除了支持正向索引以外，还支持逆向索引，列表最后一个元素的逆向下标索引为 -1，倒数第二个元素的逆向下标索引为 -2，以此类推。

【例 4-6】 通过逆向下标索引访问列表中元素，代码如下：

List=list(range(1,11))

print(List[-3])

List 列表中逆向下标索引为 -3 的输出结果为：

8

由上述案例可知，元素 8 的正向下标索引为 7，逆向下标索引为 -3。

2. 使用切片获取列表子集

切片是有序序列的通用操作函数之一，在 4.1 节 Python 序列数据类型概述中简单提过，这部分将详细介绍切片在列表中的具体应用。

切片是一种获取列表子集的方法。它的语法规则是：my_list [start : stop : step]，其中 start 是切片的起始索引，stop 是切片的结束索引，step 是切片的步长，当不设定 step 值时，默认步长为 1。

如果 start 或 stop 为负，那么它们表示从列表的末尾开始计数，如果省略 start，那么切片将从列表的第一个元素开始；如果省略 stop，那么切片将一直到列表的最后一个元素。

【例 4-7】 使用切片获取列表子集。代码如下：

```
List = list(range(1,11))
print(List[1:10])        #输出 List 列表起始索引为 1，结束索引为 10，步长为 1 的所有元素
print(List[1:10:2])      #输出 List 列表起始索引为 1，结束索引为 10，步长为 2 的所有元素
print(List[: :2])        #输出 List 列表中第一个至最后一个，步长为 2 的所有元素
print(List[-4: :])       #输出 List 列表中倒数第 4 个至倒数最后一个，步长为 1 的所有元素
```

使用切片的输出结果为：

[2, 3, 4, 5, 6, 7, 8, 9, 10]

[2, 4, 6, 8, 10]

[1, 3, 5, 7, 9]

[7, 8, 9, 10]

4.2.3 列表的常用方法和函数

列表是一个非常灵活且强大的数据结构，它支持多种方法和函数操作。Python 列表的常用方法如表 4-1 所示。

表 4-1 列表的常用方法

方　法	功能说明	示　　例
append(object)	将 object 追加到当前列表的尾部	list1 = [1, 2, 3] list1.append(4) print(list1)　　# 输出：[1, 2, 3, 4]
extend(iterable)	将列表 iterable 中的所有元素添加到当前列表的末尾	list1 = [1, 2, 3] list2 = [4, 5] list1.extend(list2) print(list1)　　# 输出：[1, 2, 3, 4, 5]
insert(index,object)	在列表的 index 位置插入元素 object，该位置及其后面的元素自动后移	list1 = [1, 2, 4] list1.insert(2, 3) print(list1)　　# 输出：[1, 2, 3, 4]
remove(value)	从列表中移除第一个值为 value 的元素	list1 = [1, 2, 3, 2] list1.remove(2) print(list1)　　# 输出：[1, 3, 2]
clear()	清空列表中的所有元素	list1 = [1, 2, 3, 4, 5] list1.clear() print(list1)　　# 输出：[]
index(value)	返回列表中第一个值为 value 的元素的索引，如果元素不存在，则抛出异常	list1 = [1,2,3,2,4,5] index = list1.index(2) print(index)　　# 输出：1
list()	用于将其他序列类型或迭代器对象转换为列表	List=list(range(1,6)) print(List)　　# 输出：[1, 2, 3, 4, 5]
count(value)	返回列表中值为 value 的元素出现的次数	list1 = [1, 2, 2, 3] count = list1.count(2) print(count)　　# 输出：2
reverse()	对列表中的所有元素进行逆序操作	list1 = [1, 2, 3, 4, 5] list1.reverse() print(list1)　　# 输出：[5, 4, 3, 2, 1]
sort( )	对列表中的所有元素进行排序，reverse 默认值为 False，表示升序；如果是 True 则表示降序；也可以加上参数 key 来指定排序规则	list1 = [3,1,8,4,7,2,6,5,9] list1.sort(reverse=True) print(list1) # 输出：[9, 8, 7, 6, 5, 4, 3, 2, 1]

Python 列表的常用函数如表 4-2 所示。

表 4-2　列表的常用函数

函数名	功能说明	示　　例
pop(index)	移除并返回列表中指定位置的元素。如果未指定位置，则默认移除并返回最后一个元素	list1 = [1, 2, 3] element = list1.pop(1) print(element)　　　# 输出 : 2 print(list1)　　　　# 输出 : [1, 3]
sorted(list)	对列表内的元素进行排序，reverse 默认值为 False，表示升序；如果是 True 则表示降序。返回一个新列表。	list1 = [3,8,4,7,2,6,1,5] print(sorted(list1))　# 升序 print(sorted(list1,reverse=True)}) # 输出 : 升序排序为：[1, 2, 3, 4, 5, 6, 7, 8] 降序排序为：[8, 7, 6, 5, 4, 3, 2, 1]
reversed(list)	对列表对象元素逆序排列，返回的是迭代器对象	list1 = [3,8,4,7,2,6,1,5,9] print(list(reversed(list1))) # 输出 : [9, 5, 1, 6, 2, 7, 4, 8, 3]
len(list)	返回列表内的元素个数	list1 =list(range(1,11)) print(len(list1)) # 输出 : 10
max(list) min(list)	返回列表元素最大值、返回列表元素最小值	list1 = [3,10,8,4,7,2,6,1,5,0,9] print(f" 最大值：{max(list1)}") print(f" 最小值：{min(list1)}") # 输出 : 最大值 :10，最小值为 :0
sum(list)	对列表内的所有元素进行求和，如果存在非数值型元素则会抛出异常	List=list(range(1,11)) print(sum(List)) # 输出 : 55

4.2.4　列表运算

在 Python 中，列表对象支持加法运算、乘法运算、关系比较运算、成员测试等。

1. 加法运算符

在列表中可以用加法运算符 "+" 来连接两个列表对象，从而得到一个新的列表对象。

【例 4-8】　连接两个列表对象。代码如下：

```
list1=[1,2,3,4]
list2=[5,6,7,8]
print(list1+list2)
```

两个列表的连接输出结果为：

```
[1, 2, 3, 4, 5, 6, 7, 8]
```

2. 乘法运算符

在列表中可以用乘法运算符"*"对列表进行相乘，意为对序列元素进行重复，返回一个新列表。

【例 4-9】　列表的乘法运算示例。代码如下：

```
list1 = [1,2,3,4]
print(f" 原列表为：{list1}")
print(f" 对列表进行相乘：{list1*3}")
print(f" 对序列元素进行重复后的新列表：{[list1]*3}")
```

输出结果为：

```
原列表：[1, 2, 3, 4]
对列表进行相乘：[1, 2, 3, 4, 1, 2, 3, 4, 1, 2, 3, 4]
对序列元素进行重复后的新列表：[[1, 2, 3, 4], [1, 2, 3, 4], [1, 2, 3, 4]]
```

3. 成员测试运算符

在列表中使用成员测试运算符"in"来测试列表中是否包含某个元素，如果包含就返回 True，反之返回 False。该运算符支持列表、元组、字符串等序列对象，也支持 range()、map()、zip() 等迭代器对象。

【例 4-10】　成员测试运算符示例。代码如下：

```
list1 = [1,2,3,4]
list2 = range(5,11)
list3 = zip(list1,list2)
list4 = map(str,range(5,11))    # 通过 map 函数把 range 对象中的每个元素转换成字符串
print(2 in list1)               # 测试列表 list1 中是否包含元素 2
print(20 in list2)              # 测试列表 list2 中是否包含元素 20
print((2,6) in list3)           # 测试列表 list3 中是否包含元素 (2,6)
print("6" in list4)             # 测试列表 list4 中是否包含元素 "6"
print(6 in list4)               # 测试列表 list4 中是否包含元素 6
```

输出结果为：

```
True
False
True
True
False
```

4. 关系比较运算

在列表中，关系比较运算符有：>、<、==、!=、>=、<=。使用关系比较运算符来比较两个列表的大小，比较规则为：逐个比较两个列表中对应位置上的元素，直到能够判断出第一组对应位置元素的大小为止，不再对后面的元素进行比较。

【例 4-11】　列表的关系比较运算示例。代码如下：

```
list1 = [10,2,3,4]
```

```
list2 = [5,6,7,8]
print(list1>list2)
print(list1<list2)
```

输出结果为：

```
True
False
```

list1 的第一个元素为 10，list2 的第一个元素为 5，10＞5，故而可以判断出 list1 大于 list2，停止对后面元素的比较。

4.2.5　列表推导式

列表推导式又称为列表解析式，是用最简洁最高效的方式对列表或其他可迭代对象内的所有元素进行遍历、计算或过滤，更快速地生成满足特定需求的列表。语法格式如下：

```
new_ list = [expression for item in iterable if condition ]
```

语法说明：

(1) expression 用于定义新列表中的元素是如何计算的，可以是任何运算的表达式；

(2) item 是可迭代对象中的每个元素；

(3) iterable 用于可迭代对象的集合，如列表、元组、字符串等；

(4) condition 用于实现过滤元素的条件，如果不需要对 item 进行过滤，那么 condition 可以省略。

列表推导式在逻辑上等价于循环语句，但在形式上更加简洁。

【例 4-12】　列表推导式示例。代码如下：

```
list1 = [ i for i in range(1,11)]
list2 = [ i for i in range(1,11) if i%2==0]
list3 = [ i*2 for i in range(1,11)]
print(f"list1：{list1}")
print(f"list2：{list2}")
print(f"list3：{list3}")
```

输出结果为：

```
list1： [1, 2, 3, 4, 5, 6, 7, 8, 9, 10]
list2： [2, 4, 6, 8, 10]
list3： [2, 4, 6, 8, 10, 12, 14, 16, 18, 20]
```

上例的 list1、list2、list3 相当于下面例子中循环语句的 num1、num2、num3，并且结果一致。

list1 等价于【例 4-13】的循环语句。

【例 4-13】　代码如下：

```
num1 = []
for i in range(1,11):
    num1.append(i)
```

```
print(num1)  # 输出结果：[1, 2, 3, 4, 5, 6, 7, 8, 9, 10]
```

list2 等价于【例 4-14】的循环语句。

【例 4-14】　代码如下：

```
num2=[]
for i in range(1,11):
    if i%2==0:
        num2.append(i)
print(num2)  # 输出结果：[2, 4, 6, 8, 10]
```

list3 等价于【例 4-15】的循环语句。

【例 4-15】　代码如下：

```
num3 = []
for i in range(1,11):
    num3.append(i*2)
print(num3)   # 输出结果：[2, 4, 6, 8, 10, 12, 14, 16, 18, 20]
```

从列表推导式和循环语句的示例中可以发现，列表推导式的代码形式更加简洁，可读性也更强。

列表推导式常用的功能主要有以下几个方面：

(1) 对嵌套列表实现平铺功能。

```
list1 = [[1,2,3],[4,5,6],[7,8,9]]
new_list1 = [j for i in list1 for j in i]
print(new_list1)
```

输出结果为：

```
[1, 2, 3, 4, 5, 6, 7, 8, 9]
```

上例相当于下面 for 循环的嵌套语句：

```
list1=[[1,2,3],[4,5,6],[7,8,9]]
new_list1=[]
for i in list1:
    for j in i:
        new_list1.append(j)
print(new_list1)
```

输出结果为：

```
[1, 2, 3, 4, 5, 6, 7, 8, 9]
```

(2) 过滤掉不符合条件的元素。

```
digits = [0,1,2,3,4,5,6,7,8,9,-1,-2,-3,-4,-5]
new_digits = [i for i in digits if i >= 0]   # 过滤掉小于等 0 的数
print(new_digits)
```

输出结果为：

```
[1, 2, 3, 4, 5, 6, 7, 8, 9]
```

(3) 同时遍历多个序列。

```
list1 = range(5)
list2 = range(5,10)
new_list = [(i,j) for i in range(5) for j in range(5,10)]
print(new_list)
```

输出结果为：

[(0, 5), (0, 6), (0, 7), (0, 8), (0, 9), (1, 5), (1, 6), (1, 7), (1, 8), (1, 9), (2, 5), (2, 6), (2, 7), (2, 8), (2, 9), (3, 5), (3, 6), (3, 7), (3, 8), (3, 9), (4, 5), (4, 6), (4, 7), (4, 8), (4, 9)]

4.3   元   组

在 Python 编程语言中，元组是一种有序序列类型，用于存储多个元素，元组的元素创建好后是不可变的，不能对元组进行修改、删除或添加元素。元组的元素通常用小括号"( )"包围，元素之间用英文逗号","分隔。

4.3.1   元组的创建与访问

1. 元组的创建

创建元组有两种方法：第一种是把若干元素放在一对小括号中直接赋值给某个变量；第二种是通过 tuple( ) 函数把其他数据类型或迭代对象转换成元组。

1) 直接赋值

【例 4-16】 元组的创建。代码如下：

```
tuple1=(1,2,3,4,5)
tuple2=()
tuple3=(1)
tuple4=(1,)
tuple5=("a",)
tuple6=("a")
print(tuple1)
print(tuple2)
print(tuple3)
print(tuple4)
print(tuple5)
print(tuple6)
```

输出结果为：

(1, 2, 3, 4, 5)

()

1

(1,)

('a',)

a

从上述案例中可知，tuple1 是包含 5 个元素的元组，tuple2 是一个空的元组，tuple3 是一个整数类型，tuple4 和 tuple5 都是包含 1 个元素的元组，tuple6 是一个字符串类型。

注意：当元组内只有一个元素时，元素后面要加一个逗号"，"，否则，如果这一个元素是整数的话，就会默认为整数类型，如果这一个元素是字符的话，就会默认为字符串类型。在例 4-16 基础上，添加如例 4-17 所示代码。

【例 4-17】　代码如下：

```
print(f"tuple3 的数据数据类型为：{type(tuple3)}")
print(f"tuple4 的数据数据类型为：{type(tuple4)}")
print(f"tuple5 的数据数据类型为：{type(tuple5)}")
print(f"tuple6 的数据数据类型为：{type(tuple6)}")
```

输出结果为：

```
tuple3 的数据数据类型为：<class 'int'>
tuple4 的数据数据类型为：<class 'tuple'>
tuple5 的数据数据类型为：<class 'tuple'>
tuple6 的数据数据类型为：<class 'str'>
```

2）使用 tuple( ) 函数创建

【例 4-18】　使用 tuple( ) 函数创建元组。代码如下：

```
num1 = tuple(range(5))
num2 = tuple("I love Python")
print(num1)
print(num2)
```

输出结果为：

```
(0, 1, 2, 3, 4)
('I', ' ', 'l', 'o', 'v', 'e', ' ', 'p', 'y', 't', 'h', 'o', 'n')
```

num1 是把迭代对象 range(5) 转换成元组，num2 是把字符串类型转换成元组（注：在字符串类型中，一个空格也相当于一个元素）。

2. 元组元素的访问

元组与列表类似，都是有序序列，可以通过下标索引访问元组内的元素，如果指定的下标索引不存在，则会抛出下标越界的异常提示。如果一个元组中的元素是列表、元组或字符串，其访向方法与列表相同。

【例 4-19】　元组元素的访问。代码如下：

```
data=(2,4,6,["a","b","c"],(1,3,5))
print(data[2])
print(data[3])
print(data[3][-1])
```

```
print(data[4])
print(data[4][3])
```

输出结果为：

```
6
['a', 'b', 'c']
c
(1, 3, 5)

---------------------------------------------------------------------
IndexError                        Traceback (most recent call last)
<iPython-input-18-d4fa8c7144c0> in <module>
     4 print(data[3][-1])
     5 print(data[4])
----> 6 print(data[4][3])

IndexError: tuple index out of range
```

根据上述案例可得知，元组元素访问与列表相同，可以通过下标索引访问元素，元组的负向索引从 −1 开始，如果元组元素是列表或者元组，访问方式与列表相同。

由于元组元素访问是通过索引下标进行访问，所以要注意下标索引越界的问题，上例抛出的异常提示为："tuple index out of range"，由于 data[4] 元组的索引最大值为 2，所以执行 print(data[4][3]) 时会提示元组下标越界的异常。

4.3.2　元组运算符、元组索引与切片

因为元组内的元素不能修改，所以元组不支持 append( )、extend( )、insert( )、remove( )、pop( ) 等函数操作。但元组能够支持类似列表的运算符、部分函数功能操作。

1. 元组运算符

与列表一样，元组之间可以使用 "+" 运算符、"*" 运算符和成员测试 in 等。用 "+" 进行连接，用 "*" 进行重复，用 in 进行成员测试。

【例 4-20】　元组运算符示例。代码如下：

```
data = (" I")+(" love ")+(" Python ")
print(data)
print(data*3)
print("I" in data)
```

输出结果为：

```
I love Python
I love Python I love Python I love Python
True
```

2. 元组索引与切片

元组是有序序列，可以通过下标索引访问元组中任意位置的元素，并可以通过切片来获取元组中指定片段的元素。

【例 4-21】 元组索引与切片示例。代码如下：

```
data = ("I" ,"love", "Python")
print(data[0])
print(data[1: 3])
```

输出结果为：

```
I
('love', 'Python')
```

4.3.3 生成器推导式

Python 中的生成器推导式与列表推导式类似，生成器推导式使用的是小括号 "( )"，而列表推导式使用的是中括号 "[ ]"。

生成器推导式与列表推导式最明显的区别是，列表推导式会生成一个列表，而生成器推导式采用惰性求值的方式来产生元素，它不会一次性生成所有元素，而是按需生成，所以生成的结果是一个生成器对象，而不是元组或其他容器类型。使用生成器对象的元素时要将其转换为列表或元组，也可以使用生成器对象的 __ next__() 方法进行遍历，或者使用 for 循环进行遍历。

1) 列表推导式和生成器推导式

列表推导式和生成器推导式创建示例如下：

```
data1= [i for i in range(1,21) if i%2==0]
data2= (i for i in range(1,21) if i%2==0)
print(f"data1 的列表推导式为：{data1}")
print(f"data2 的生成器推导式为：{data2}")
```

输出结果为：

```
data1 的列表推导式为：[2, 4, 6, 8, 10, 12, 14, 16, 18, 20]
data2 的生成器推导式为：<generator object <genexpr> at 0x000001F560EC4430>
```

上例中，data1 为列表推导式，生成结果为列表；data2 为生成器推导式，所生成的结果是一个生成器对象。

2) 使用 tuple() 函数将生成器对象转换成元组

示例如下：

```
data2= (i for i in range(1,21) if i%2==0)
print(f" 生成器对象 data2 转换成元组的结果为：{tuple(data2)}")
```

输出结果为：

```
生成器对象 data2 转换成元组的结果为：(2, 4, 6, 8, 10, 12, 14, 16, 18, 20)
```

3) 使用 for 循环语句遍历生成器对象

示例如下：

```
data3=( j for j in range(1,21) if j%2==1)
for k in data3:
    print( k, end = "")   # end = "" 的功能是遍历后，每个元素的末尾用空格隔开
```

输出结果为：

1 3 5 7 9 11 13 15 17 19

4.3.4 列表与元组的区别与联系

1. 列表与元组的区别

元组与列表类似，创建列表和元组的语法类似，只是使用不同的符号，列表使用方括号 "[ ]"，而元组使用圆括号 "( )"。列表是可变的，可以对列表元素进行添加、删除或修改等操作。而元组则不允许进行这类操作。虽然元组本身是不可变的，但如果元组中的元素是可变类型（如列表、字典、集合等），那么可以修改这些元素的内容。元组可以作为字典的键，而列表不能作为字典的键。

2. 列表与元组的联系

列表和元组都是 Python 中的序列类型，它们具有一些共同的序列操作，如连接（使用 "+" 操作符）和重复（使用 "*" 操作符），能够支持多种操作，如索引、切片等操作。两者都是可迭代的，这意味着可以使用循环（如 for 循环）来遍历它们中的元素。

4.4   字   典

字典的语法格式如下：

Dict={ key1: value1 , key2: value2 , key3: value3 , ... }

字典是一种无序可变映射类型，字典内的元素由若干组键值对组成，键 (Key) 和值 (Value) 中间使用英文冒号分隔，表示二者是一种对应关系，字典内的所有元素存储在一对花括号 "{ }" 内。

4.4.1 字典的特征

字典中的"键"只能是 Python 中不可变数据类型，如整数、浮点数、复数、字符串、元组等类型，其他可变类型如列表、集合等，都不能当作字典的"键"。一般而言，字典的"键"不能重复，如果有重复，只输出最后"键"所对应的"值"，字典的"值"可以重复。

4.4.2 字典的创建

字典的创建通常有三种方法，第一种是用直接赋值的方法创建，第二种是用 dict( ) 函数创建，第三种是 fromkeys( ) 方法创建。

1) 直接赋值法创建字典

【例 4-22】 直接赋值法创建字典。代码如下：

```
scores1 ={"java":67,"Python":88,"c++":50,"SQLServer":95}
scores2={ }
```

```
print(scores1)
print(scores2)
```

输出结果为：

```
{'java': 67, 'Python': 88, 'c++': 50, 'SQLServer': 95}
{}
```

scores1 是一个包含四组键值对的字典元素，scores2 是一个不包含任何键值对的空字典。

2) 使用 dict( ) 函数创建字典

【例 4-23】 使用 dict( ) 函数创建字典。代码如下：

```
scores3=dict([["java",67],["Python",88],["c 语言 ",50],["SQLServer",95]])
scores4=dict((("java",67),("Python",88),("c 语言 ",50),("SQLServer",95)))
scores5=dict(java=67,Python=88,c 语言 =50,SQLServer=95)
print(f"scores3：{scores3}")
print(f"scores4：{scores4}")
print(f"scores5：{scores5}")
```

输出结果为：

```
scores3：{'java': 67, 'Python': 88, 'c 语言 ': 50, 'SQLServer': 95}
scores4：{'java': 67, 'Python': 88, 'c 语言 ': 50, 'SQLServer': 95}
scores5：{'java': 67, 'Python': 88, 'c 语言 ': 50, 'SQLServer': 95}
```

由上例可知，scores3、scores4、scores5 的输出结果都是一样的，scores3 和 scores4 是分别将列表和元组转换成字典，scores5 是通过指定关键字参数创建字典。

【例 4-24】 使用 dict(zip( )) 函数创建字典。代码如下：

```
keys = ["java","Python","c 语言 ","SQLServer"]
values = [67,88,50,95]
scores6 = dict(zip(keys,values))
print(f"scores6 输出结果为：{scores6}")
```

输出结果为：

```
scores6 输出结果为：{'java': 67, 'Python': 88, 'c 语言 ': 50, 'SQLServer': 95}
```

scores6 是通过 zip( ) 函数将多个序列作为参数，返回由元组构成的迭代器，再使用 dict( ) 函数把经过 zip( ) 操作后的对象转换成字典对象。

3) 使用 fromkeys( ) 函数创建字典

fromkeys( ) 函数用于创建一个新字典，用序列 seq 中元素做为字典的键，value 为字典中所有键对应的初始值。

fromkeys( ) 方法创建字典的语法格式为：

```
dict.fromkeys(seq[, value])
```

其中 seq 为字典键列表，value 为可选参数，用于设置键序列 (seq) 的值，当不传递 value 值时，默认值为 None。

【例 4-25】 使用 fromkeys( ) 函数创建字典。代码如下：

```
Seq = ["java","Python","c 语言 ","SQLServer"]
```

```
dict1 = dict.fromkeys (seq , 88)
dict2 = dict.fromkeys (seq)
print(f"dict1 为：{dict1}")
print(f"dict2 为：{dict2}")
```

输出结果为：

```
dict1 为：{'java': 88, 'Python': 88, 'c 语言 ': 88, 'SQLServer': 88}
dict2 为：{'java': None, 'Python': None, 'c 语言 ': None, 'SQLServer': None}
```

dict1 是给 seq 键序列指定值为 88，dict2 是 seq 的所有键对应的值为 None。

4.4.3　字典的元素访问

在 Python 中，字典内的元素是无序的，所以访问字典内的元素不能使用像访问列表元素或元组元素的访问方法。字典元素的访问通常有五种方法：

1) 使用键作为下标访问

示例如下：

```
scores1={"java":67,"Python":88,"c 语言 ":50,"SQLServer":95}
print(scores1["Python"]) # 访问 "Python" 对应的值
```

输出结果为：

```
88
```

注意：使用键作为下标访问字典元素时，如果该键在字典里不存在，系统将会抛出异常。

2) 使用 get() 方法访问

使用 get() 方法访问指定键的值时，如果该键不在字典中，系统不会抛出异常，而是返回默认值 None，也可以自定义设置指定返回值。

【例 4-26】 使用 get() 方法访问字典元素。代码如下：

```
scores1 = {"java":67,"Python":88,"c 语言 ":50,"SQLServer":95}
print(scores1.get("java"))
print(scores1.get("c++"))
print(scores1.get("c++"," 该键不存在 "))
```

输出结果为：

```
67
None
该键不存在
```

java 在字典中存在，返回对应值 67；c++ 在字典中不存在，返回默认值 None，也可以返回设定值 "该键不存在" 的提示。

【例 4-27】 setdefault( ) 函数方法访问字典元素与 get( ) 函数方法类似。代码如下：

```
scores2={"java":67,"Python":88,"c 语言 ":50,"SQLServer":95}
print(scores2.setdefault("c 语言 "))
print(scores2.setdefault("c++"," 该键不存在 "))
```

输出结果为：

50

该键不存在

3) 使用 items( ) 方法访问

items( ) 方法返回一个 dict_items 视图对象，该对象是字典中键值对的可迭代视图。每个元素是一个包含键和值的元组。代码如下：

```
scores1 = {"java":67,"Python":88,"c 语言 ":50,"SQLServer":95}
print(scores1.items( ))
```

输出结果为：

```
dict_items([('java', 67), ('Python', 88), ('c 语言 ', 50), ('SQLServer', 95)])
```

4) 使用 keys( ) 访问

keys( ) 方法返回一个 dict_keys 视图对象，该对象是字典内所有键的可迭代视图。

```
scores1 = {"java":67,"Python":88,"c 语言 ":50,"SQLServer":95}
print(scores1.keys())
```

输出结果为：

```
dict_keys(['java', 'Python', 'c 语言 ', 'SQLServer'])
```

5) 使用 values( ) 访问

values( ) 方法返回一个 dict_values 视图对象，该对象是字典内所有值的可迭代视图。

```
scores1 = {"java":67,"Python":88,"c 语言 ":50,"SQLServer":95}
print(scores1.values())
```

输出结果为：

```
dict_values([67, 88, 50, 95])
```

4.4.4　字典元素的增加、修改与删除

1. 字典元素的增加与修改

字典元素的增加与修改有三种方法，第一种是使用键作为下标来增加或修改，第二种是使用 setdefault( ) 函数方法新增键值对，第三种是使用 update( ) 函数方法把新的字典与原来的字典合并。

1) 使用键作为下标来增加或修改字典元素

语法格式如下：

变量 [key] = value

使用键作为下标来增加或修改字典内的元素，如果该键在字典中存在，则修改该键对应的值；如果该键不存在，则在原字典内新增该键值对。

【例 4-28】 使用键来增加或修改字典元素。代码如下：

```
scores1 = {"java":67,"Python":88,"c 语言 ":50,"SQLServer":95}
scores1["c 语言 "] = 70
scores1["c++"] = 80
print(scores1)
```

输出结果为：

{'java': 67, 'Python': 88, 'c 语言 ': 70, 'SQLServer': 95, 'c++': 80}

上例 scores1 字典中"c 语言"对应的值由原来 50 修改为 70，"c++"及对应的值被新增至原字典的末尾。

2) 使用 setdefault( ) 方法新增键值对

语法格式如下：

变量 . setdefault(key, value)

使用 setdefault( ) 方法时，如果键存在，不会修改原数据；如果键不存在，则新增键值对。

【例 4-29】 使用 setdefault( ) 方法新增字典元素。代码如下：

scores1 = {"java":67,"Python":88,"c 语言 ":50,"SQLServer":95}

scores1.setdefault("c 语言 ",70)

scores1.setdefault("c++",100)

print(scores1)

输出结果为：

{'java': 67, 'Python': 88, 'c 语言 ': 50, 'SQLServer': 95, 'c++': 100}

通过 setdefault() 方法操作后，scores1 字典中"c 语言"的值还是原来的 50，同时新增了键值对"'c++': 100"。

3) 使用 update( ) 函数新增字典元素

update( ) 函数是将新的字典或可迭代对象中的元素一次性全部添加到字典对象中。如果两个字典中有相同的键，则以新字典中的值为准，对调用 update( ) 方法的字典进行更新。代码如下：

scores1 = {"java":67,"Python":88,"c 语言 ":50,"SQLServer":95}

scores1.update({" 数据结构 ":76 ," 算法分析与设计 ":82})

print(scores1)

输出结果为：

{'java': 67, 'Python': 88, 'c 语言 ': 50, 'SQLServer': 95, ' 数据结构 ': 76, ' 算法分析与设计 ': 82}

2. 字典元素的删除

删除字典元素最常用的有四种方式：第一种是使用 pop( ) 方法删除，第二种是使用 del dict [key] 方法进行元素删除，第三种是使用 popitem( ) 方法删除，第四种是使用 clear( ) 函数一次性清空字典元素。

(1) pop( ) 方法删除字典指定键 key 的键值对，并返回对应的值。代码如下：

scores1 = {"java":67,"Python":88,"c 语言 ":50,"SQLServer":95}

scores1.pop("c 语言 ")

输出结果为：

50

(2) del 方法删除字典指定键 key 及对应的值或删除字典。代码如下：

scores1 = {"java":67,"Python":88,"c 语言 ":50,"SQLServer":95}

del scores1["c 语言 "]   # 删除 scores1 内的 "c 语言 " 及对应的值

```
print(scores1)
del scores1                    # 删除 scores1 字典
print(scores1)
```

输出结果为：

```
{'java': 67, 'Python': 88, 'SQLServer': 95}
-------------------------------------------------------------------------
NameError                      Traceback (most recent call last)
<iPython-input-101-ff9c42852dc7> in <module>
     3 print(scores1)
     4 del scores1
----> 5 print(scores1)
NameError: name 'scores1' is not defined
```

注意：访问不存在的字典时，系统会抛出异常提示。因为在进行"del scores1"操作后，scores1 字典被删除，所以再次输出 scores1 时就会抛出"name 'scores1' is not defined"的提示。

(3) popitem( ) 删除字典中的最后一组键和值，并返回该组键值对。代码如下：

```
scores1 = {"java":67,"Python":88,"c 语言 ":50,"SQLServer":95}
scores1.popitem()
```

输出结果为：

```
('SQLServer', 95)
```

(4) clear( ) 清空字典内所有元素。代码如下：

```
scores1 = {"java":67,"Python":88,"c 语言 ":50,"SQLServer":95}
scores1.clear( )
print(scores1)
```

输出结果为：

```
{}
```

scores1 字典内的所有元素被 clear( ) 函数清空后，只剩空的字典。

在 Python 中，字典除了上述的基本常见内置函数以外，还可以使用 len( ) 函数获取字典中键值对的数量，使用 type( ) 函数检查字典的类型。此外，可以通过类型转换函数把字典的部分内容 (如键、值或键值对) 转换成其他数据类型。

4.5　集　合

4.5.1　集合的概念

集合类型与数学中的集合概念相似，具有无序性、互异性和确定性三个特征。集合是一个无序可变序列，所有元素放在一对花括号"{ }"中，元素之间使用逗号分隔。同一个集合中的元素都是唯一的，不允许重复。集合元素的类型只能是数字、字符串、元组等不可变类型，不可以用列表、字典或其他集合作为元素。一般来说，使用集合是为了进行成员测试或者去除重复元素。

4.5.2 集合的创建与删除

1. 集合的创建

创建集合常见的有两种方法：第一种是使用花括号"{ }"创建集合，元素之间用逗号"，"分隔，第二种是使用 set() 函数创建集合。

1) 使用花括号"{ }"创建集合

代码如下：

```
set1 = {1,2,3,4,1,5}
set2 = {}
print(set1)
print(set2)
print(type(set1))
print(type(set2))
```

输出结果为：

```
{1, 2, 3, 4, 5}
{}
<class 'set'>
<class 'dict'>
```

上例 set2 是空的字典，而不是集合，要创建空集合只能使用 set( ) 函数方法。

2) 使用 set( ) 函数创建集合

使用 set( ) 函数可以将列表、元组、字符串、range 对象等可迭代对象转换成集合。代码如下：

```
set3 = set(range(1,10,2))
set4 = set()
print(set3)
print(set4)
print(type(set4))
```

输出结果为：

```
{1, 3, 5, 7, 9}
set()
<class 'set'>
```

注意：不管是使用花括号 { } 创建集合还是使用 set( ) 函数创建集合，如果有重复的元素，输出的结果只能保留唯一元素，故也可用于可变序列的去重处理。

2. 删除集合

当集合不再使用时，可以使用 del 命令将集合删除。代码如下：

```
set3 = set(range(1,10,2))
del set3
print(set3)
```

输出结果为：

```
NameError                       Traceback (most recent call last)
<iPython-input-117-076c4fb72fce> in <module>
    1 set3 = set(range(1,10,2))
    2 del set3
----> 3 print(set3)
NameError: name 'set3' is not defined
```

4.5.3　集合元素的添加与删除

使用集合对象的 add( ) 方法向集合中添加一个新元素，如果该元素已经存在，则忽略该操作。此外，可以使用 update( ) 方法向集合中添加另外一个集合中的多个元素。

1. 集合元素的添加

示例代码如下：

```
set1 = {1,2,3,4,5}
set1.add(6)
set1.update({5,6,7,8,9,10})
print(set1)
```

输出结果为：

```
{1, 2, 3, 4, 5, 6, 7, 8, 9, 10}
```

2. 集合元素的删除

删除集合元素常用的方法有 remove( )、discard( )、pop( )、clear( )。

1) remove( ) 方法

使用 remove( ) 方法删除集合元素时，只能删除集合内存在的元素，如果元素不存在则会抛出异常。代码如下：

```
name = {" 张三 "," 李四 "," 王五 "," 赵六 "}
name.remove(" 李四 ")
print(name)
name.remove(" 钱七 ")
```

输出结果为：

```
{' 张三 ',' 赵六 ',' 王五 '}
-------------------------------------------------------------------------
KeyError                        Traceback (most recent call last)
<iPython-input-6-5761a6a82157> in <module>
    2 name.remove(" 李四 ")
```

```
   3 print(name)
----> 4 name.remove(" 钱七 ")
KeyError: ' 钱七 '
```

name 集合内不存在"钱七",故抛出异常提示。

2) 使用 discard( ) 方法

使用 discard( ) 方法删除集合元素与使用 remove( ) 方法类似,区别在于使用 discard( )删除时,如果元素不存在则忽略此操作,不会抛出异常。代码如下:

```
name = {" 张三 "," 李四 "," 王五 "," 赵六 "}
name.discard(" 钱七 ")
print(name)
```

输出结果为:

```
{' 李四 ',' 张三 ',' 赵六 ',' 王五 '}
```

3) 使用 pop( ) 方法

使用集合对象的 pop( ) 方法会从集合中随机删除一个元素,并返回该元素。代码如下:

```
name = {" 张三 "," 李四 "," 王五 "," 赵六 "}
name.pop()
print(name)
```

输出结果为:

```
{' 张三 ',' 赵六 ',' 王五 '}
```

4) 使用 clear( ) 方法

使用集合对象的 clear( ) 方法会清空集合内的所有元素。代码如下:

```
name = {" 张三 "," 李四 "," 王五 "," 赵六 "}
name.clear( )
print(name)
```

输出结果为:

```
set()
```

调用 clear( ) 方法清空 name 集合内所有元素后,再次输出 name 时,只剩空的集合。

4.5.4 集合的常用方法

在 Python 中,集合常用的方法除了 4.5.3 节的添加、删除元素外,还有集合运算方法如 len( )、并集 (|)、交集 (&)、差集 (-)、对称差集 (^),以及成员测试运算 (in) 等。

1. 使用 in 关键字检查一个元素是否存在于集合中

示例代码如下:

```
my_set = {1, 2, 3}
if 2 in my_set:
    print("2 存在于集合中 ")
else:
    print("2 不存在于集合中 ")
```

输出结果为：

2 存在于集合中

2. 使用 "|" 运算符或 union() 方法获取两个集合的并集

(1) 使用 "|" 运算符。代码如下：

```
set1 = {1, 2, 3}
set2 = {2, 3, 4}
union_set = set1 | set2
print(union_set)
```

输出结果为：

```
{1, 2, 3, 4}
```

(2) 使用 union() 方法。代码如下：

```
union_set = set1.union(set2)
print(union_set)
```

输出结果为：

```
{1, 2, 3, 4}
```

3. 使用 & 运算符或 intersection() 方法获取两个集合的交集

(1) 使用 & 运算符。代码如下：

```
set1 = {1, 2, 3}
set2 = {2, 3, 4}
intersection_set = set1 & set2
print(intersection_set)
```

输出结果为：

```
{2, 3}
```

(2) 使用 intersection() 方法。代码如下：

```
intersection_set = set1.intersection(set2)
print(intersection_set)
```

输出结果为：

```
{2, 3}
```

4. 使用 - 运算符或 difference() 方法获取一个集合与另一个集合的差集

(1) 使用 - 运算符。代码如下：

```
set1 = {1, 2, 3}
set2 = {2, 3, 4}
difference_set = set1 - set2
print(difference_set)
```

输出结果为：

```
{1}
```

(2) 使用 difference() 方法。代码如下：

```
difference_set = set1.difference(set2)
```

```
print(difference_set)
```

输出结果为：

```
{1}
```

5. 使用 ^ 运算符或 symmetric_difference() 方法获取两个集合的对称差集

(1) 使用 ^ 运算符。代码如下：

```
set1 = {1, 2, 3}
set2 = {2, 3, 4}
symmetric_difference_set = set1 ^ set2
print(symmetric_difference_set)
```

输出结果为：

```
{1, 4}
```

(2) 使用 symmetric_difference() 方法。代码如下：

```
symmetric_difference_set = set1.symmetric_difference(set2)
print(symmetric_difference_set)
```

输出结果为：

```
{1, 4}
```

习　　题

一、选择题

(1) 在 Python 中，创建空列表的语法是 (　　)。

A. [ ]　　　　　　　　　　　　　B. ( )

C. { }　　　　　　　　　　　　　D. None

(2) 在 Python 中，(　　) 用于向列表末尾添加元素。

A. insert　　　　　　　　　　　　B. append

C. add　　　　　　　　　　　　　D. push

(3) 在 Python 中，下列对元组描述正确的是 (　　)。

A. 元组是无序序列类型

B. 元组创建使用方括号

C. 不可以对元组元素进行添加、删除等操作

D. 元组不支持索引访问元素

(4) 代码 a=[1,2,3,4,5], 以下输出结果正确的是 (　　)。

A. print(a[:]) 的输出结果为：[1, 2, 3, 4, 5]

B. print(a[0:]) 的输出结果为：[2, 3, 4, 5]

C. print(a[2:100]) 的输出结果为：[2, 4, 5]

D. print(a[-4:]) 的输出结果为：[2, 3, 4, 5]

(5) 对集合概念理解正确的是 (　　)。

A. 集合是一个无序且可以存储重复元素的序列

B. 集合支持索引，切片等操作

C. 定义集合可以使用 {} 或者 set()

D. 可以使用 {} 来定义空集

二、填空题

(1) 已知一个列表 list1 = [1,2,3,4,5]

① list1 的长度为 _____。

② list1 + [6, 7, 8] 的结果是 _____。

③ list1*2 的结果是 _____。

④ list1 中元素的最大值是 _____。

⑤ list1 中元素的最小值是 _____。

⑥ list1 中所有元素的和是 _____。

⑦ 元素 3 的索引为 _____。

⑧ print(list1[3:]) 的结果是 _____。

(2) 已知一个集合 language_set = {'java', 'c', 'Python'}

① language_set.discard('c++') 的结果是 _____。

② language_set.remove('c') 的结果是 _____。

③ 经过第①和②操作后，再操作 language_set.update({'Python','html'}) 的结果是 _____。

④ print("java" in language_set) 的结果是 _____。

(3) 字典基本操作 dic = { 'Python': 95,'java': 99,'c++': 100}

① 字典 dic 的长度是 _____。

② 通过 dic["java"]=98 操作后的结果是 _____。

③ del dic["c++"] 的结果是 _____。

④ 要增加一对新的键值对 php:90 在 dic 中，具体操作代码是 _____。

⑤ 获取 dic 中的所有 key 的操作代码是 _____。

⑥ 获取 dic 中的所有 value 的操作代码是 _____。

三、综合题

(1) 将列表 name=[" 张三 "," 李四 "," 王五 "," 赵六 "] 和 grade=[" 优秀 "," 一般 "," 不及格 "," 良好 "] 以 [(' 张三 ', ' 优秀 '), (' 李四 ', ' 一般 '), (' 王五 ', ' 不及格 '), (' 赵六 ', ' 良好 ')] 的形式输出。

(2) 创建一个字典 dict1={"java":67,"Python":88,"c 语言 ":50,"SQLServer":95}

① 分别输出字典 dict1 的所有键和所有值；

② 删除字典 dict1 中值不及格的键值；

③ 清空字典 dict1 内的所有键值对。

(3) 分别定义列表 list1=["Python","is","Beautiful"] 和列表 list2=["I","love","Python"]，按要求实现以下功能：

① 将列表 list2 追加到 list1 的末尾合并，并输出 "Beautiful" 的下标。

② 将列表中 'Beautiful' 改为 'Simple'。

③ 将合并后的列表按字母 a～z 进行排序，并输出该列表长度。

(4) 编写程序，用列表推导式输出 1～100 以内的所有偶数。

(5) 字符串 a = [1,2,3,4,5,6,7,8,9]，编写代码，输出列表中所有的奇数元素。

(6) 创建元组 tuple1=(1,2,3,4,[5,4,6,7,8],9)，要求删除 tuple1 中元素 [5,4,6,7,8] 内的数字 4。

(7) 学校有三间学生宿舍，目前有刘一、陈二、张三、李四、王五、赵六、孙七、周八这 8 位学生未分到宿舍，现要求写代码，把这 8 位学生随机分配到这三间宿舍，并输出随机分配后的宿舍学生人数。

第 5 章　函　　数

在日常编程过程中，为提高代码复用性，常需将经常用到的、能实现特定功能的代码块封装为函数。通过这种方式，可在后续开发中直接调用已封装的函数，避免重复编写程序，从而提升开发效率。

5.1　概　　述

函数是将具有独立功能的代码块组织为一个整体，使其成为具有特殊功能的代码集合。函数为代码复用提供了一种通用机制。定义和使用函数是 Python 程序设计的重要组成部分。

5.1.1　函数的功能与分类

函数是模块化程序设计的基本构成单元，通过将程序封装为独立的模块，开发者能够以更高效、更清晰的方式组织代码。使用函数具有以下优点：

(1) 实现结构化程序设计：将程序分割为不同的功能模块，可以实现自顶向下的结构化设计。

(2) 减少程序的复杂度：简化程序结构，提高程序的可读性。

(3) 实现代码的复用：一次定义，多次调用，实现代码的可重用性。

(4) 提高代码的质量：程序分割后子任务的代码实现相对简单，易于开发、调试、修改和维护。

(5) 协作开发：将大型项目分割成不同的子任务后，团队多人可以分工合作，同时进行协作开发。

(6) 实现特殊功能：例如，递归函数通过函数自身调用可以实现许多复杂的算法。

在 Python 语言中，函数基本可以分为以下 4 类。

(1) 内置函数：Python 语言本身内置了若干常用的函数，如 print( )、input( )、int( )、len( ) 等，在程序中可以直接使用。

(2) 标准库函数：Python 语言安装程序时，同时会安装若干标准库，如 random、math 等，通过 import 语句可以导入标准库，然后使用标准库中已经定义好的函数。

(3) 第三方库函数：Python 是开源的，在 Python 社区提供了许多其他高质量的第三方库，如 Python 图像库、词云库等。在下载、安装好这些库后，通过 import 语句可以导入第三方库，然后使用其中定义好的函数。

(4) 用户自定义函数：用户根据实际需要，将具有独立功能的代码块封装为函数，本章将重点讲解函数的定义和调用方法。

5.1.2 函数的定义

在 Python 语言中函数也是对象，使用 def 语句创建，其语法格式如下：

```
def 函数名 ([ 形参列表 ]):
    函数体代码
    [return [ 返回值 ]]
```

语法说明：

(1) def 是关键字，是 define 的缩写，后接一个英文空格。

(2) 函数名：函数名须为有效的 Python 标识符，一般为小写字母，可使用下画线增加可读性，如 my_func、student_infos。同时，为了便于理解和使用，尽量使用能表示函数功能的函数名。

(3) 形参列表：函数定义时在参数列表中声明的变量，用于在函数调用时接收调用方传递的实际值，并在函数内部作为局部变量使用，简称形参，是可选项，根据需要而设定。如果没有形参，则函数名后面的圆括号也不能省略；如果有多个形参，则各形参间应使用逗号隔开。

(4) 函数体代码：由程序语句构成，用于实现函数的功能。如果定义函数时还不确定具体的函数体功能代码，可以使用 pass 语句保证函数的结构完整性，待后续完善函数体代码后再替换 pass 语句。如果需要给函数添加注释，用于说明函数的功能或每个形式参数变量的名称，则可以以三引号的形式写在函数体代码的第一行；调用函数查阅注释时，可在函数当前位置使用 Ctrl + Q 快捷方式查看函数的说明信息，或使用 help(函数名) 查看函数的文档说明。

(5) return [返回值]：是可选项，用于将函数执行结果传递给调用方并退出函数执行。一个函数可以存在多条 return 语句，但最多只有一条可以被执行。当自定义函数没有 return 语句或 return 语句的返回值为空时，该函数的返回值为 None，无返回值的函数相当于其他编程语言中的过程。如有返回值，调用函数时一般会使用变量来接收函数的返回结果。当 return 的返回值为一个时，返回值的数据类型由值本身决定，当 return 的返回值为多个时，则返回的多个数据被 Python 封装成一个元组返回。

(6) 为了提高代码的可读性和规范性，在函数定义的上方一般保留两个空行。

【例 5-1】 定义一个函数，求 3 个数的平均值。代码如下：

```
def average3num(a, b, c):
    sum_3num = a + b + c
    ave_3num = sum_3num / 3.0
    return ave_3num
```

【例 5-2】 定义一个函数，用于接收姓名、公司名称、职位、联系电话共 4 条信息，按照以下格式打印名片。

```
******************************
姓名 ( 职位 ): 张三 ( 总经理 )
公 司 名 称 : XXX 装修装饰公司
电 话 号 码 : 19966668888
******************************
```

函数定义代码为：

```
def print_info(name, company, tital, phone):
    '''
    接收用户的信息，打印格式名片
    :param name: 接收一个姓名
    :param company: 接收工作单位信息
    :param tital: 接收职位信息
    :param phone: 接收电话号码 , 必须是 11 位数
    '''
    print('*' * 30)
    print(' 姓名 ( 职位 ): %s(%s)' % (name, tital))
    print(' 公 司 名 称 :', company)
    print(' 电 话 号 码 :', phone)
    print('*' * 30)
```

5.1.3　函数的调用

Python 解释器执行 def 语句定义函数，此时程序仅创建一个函数对象，如想要执行该函数则需进行函数调用。函数调用的语法格式如下：

函数名 ([实参列表])

语法说明：

(1) 函数名是当前作用域中可访问的函数对象的引用。在调用函数之前，必须先定义该函数 (内置函数会自动创建，当 import 导入模块时会执行模块的 def 语句，创建模块中已定义好的函数)。函数的定义位置必须位于调用该函数的全局代码之前，故 Python 程序结构顺序一般为：import 语句→函数定义→全局代码。

(2) 实参列表：调用函数时，向函数传递的具体数据集合，这些数据被称为实际参数 (简称实参)。实参与定义函数时声明的形参一一对应，如定义函数时声明了必需的形参，则实际调用函数时也得一一对应传递参数。

(3) 如果函数定义时有 return 返回值的情况，则一般都会创建一个变量接收函数执行后返回的数据结果；如果函数定义时没有 return 返回值，只是单纯为了完成某个功能，则不需要创建变量。

【例 5-3】 调用例 5-1 已创建好的函数，并使用其结果进行格式化打印。代码如下：

```
def average3num(a, b, c):
    sum_3num = a + b + c
    ave_3num = sum_3num / 3.0
    return ave_3num
ave = average3num(5, 3, 16)
print(' 平均值为：', ave)
```

程序运行结果为：

平均值为： 8.0

【例 5-4】 调用例 5-2 已创建好的函数。代码如下：

```
def print_info(name, company, tital, phone):
    '''
    接收用户的信息，打印格式名片
    :param name: 接收一个姓名
    :param company: 接收工作单位信息
    :param tital: 接收职位信息
    :param phone: 接收电话号码，必须是 11 位数
    '''
    print('*' * 30)
    print(' 姓名 ( 职位 ): %s(%s)' % (name, tital))
    print(' 公 司 名 称 :', company)
    print(' 电 话 号 码 :', phone)
    print('*' * 30)
print_info(' 张三 ', 'XXX 装修装饰公司 ', ' 总经理 ', 19966668888)
```

程序运行结果为：

```
******************************
姓名 ( 职位 ): 张三 ( 总经理 )
公 司 名 称 :XXX 装修装饰公司
电 话 号 码 : 19966668888
******************************
```

例 5-3 和例 5-4 中代码加粗的部分即为函数调用。

【例 5-5】 如图 5-1 所示，有一个圆形游泳池，现需要在其周围建一圈环形过道，并在其外侧周围装上栅栏。要求编程计算并输出栅栏和过道的总造价。游泳池半径 (单位：米)、过道宽度 (单位：米)、栅栏价格 (单位：元 / 米)、过道单位造价 (单位：元 / 平方米) 均由键盘输入。

问题分析：题中要求计算过道和栅栏的造价，实际上需要根据用户输入的游泳池半径和过道宽度获得过道的面积以及过道的外围周长，因此需要定义两个函数，一个实现计算过道外围周长，另一个实现计算过道面积。案例用到的圆周率 pi 不是内置函数，而是 Python 的 math 模块中定义的数学常数，故要使用圆周率 pi，就需要先导入 math 模块。

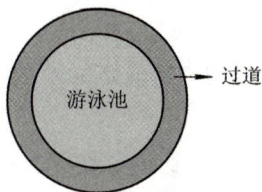

图 5-1　环形过道示意图

程序设计代码为：

```
from math import pi
def aisle_c(r, aisle_r):
    ' 根据输入游泳池半径和过道宽度，计算栅栏的周长。'
    c = 2 * pi * (r + aisle_r)
    print(' 栅栏的周长为 %.2f 米。' % c)
    return c


def aisle_a(r, aisle_r):
    ' 根据输入游泳池半径和过道宽度，计算圆环过道的面积。'
    a = pi * (r + aisle_r) ** 2 - pi * r ** 2
    print(' 过道的面积为 %.2f 平方米。' % a)
    return a


r = eval(input(' 请输入游泳池半径 ( 单位：米 )：'))
aisle_r = eval(input(' 请输入过道宽度 ( 单位：米 )：'))
aisle_c = aisle_c(r, aisle_r)
aisle_a = aisle_a(r, aisle_r)
fence_price = eval(input(' 请输入栅栏单位造价 ( 单位：元 / 米 )：'))
aisle_price = eval(input(' 请输入过道单位造价 ( 单位：元 / 平方米 )：'))
total_price = aisle_c * fence_price + aisle_a * aisle_price
print(' 总的工程造价为 %.2f 元。' % total_price)
```

模拟运行结果为：

```
请输入游泳池半径 ( 单位：米 )：12
请输入过道宽度 ( 单位：米 )：3
栅栏的周长为 94.25 米。
过道的面积为 254.47 平方米。
请输入栅栏单位造价 ( 单位：元 / 米 )：30
请输入过道单位造价 ( 单位：元 / 平方米 )：20
总的工程造价为 7916.81 元。
```

5.1.4　函数的嵌套

相较于其他语言，Python 语言既支持函数的嵌套定义，又支持函数的嵌套调用。

1. 函数的嵌套定义

函数的嵌套定义是指在定义函数的内部又定义函数，但内嵌定义的函数只能在该函数内部使用。

【例 5-6】 嵌套定义一个函数，求 1 到某个整数的阶乘和。

分析：整体看这个问题是一个求和问题，所以可以定义一个 sum_f() 函数来进行求和，求和的内容是各数的阶乘，所以在 sum_f() 函数内定义一个求阶乘函数 fact()。代码如下：

```
def sum_f(n):
    def fact(a):
        t = 1
        for j in range(1, a + 1):
            t *= j
        return t
    s = 0
    for i in range(1, n + 1):
        s += fact(i)
    return s
n = eval(input('n='))
print('1-%i 的阶乘和为：%i' % (n, sum_f(n)))
```

模拟运行函数结果为：

```
n=6
1-6 的阶乘和为：873
```

2. 函数的嵌套调用

函数的嵌套调用是指在一个函数的内部调用其他已定义函数的过程。嵌套调用是模块化程序设计的基础，将一个应用程序合理划分为不同的函数，有利于实现程序的模块化计算。

【例 5-7】 使用嵌套调用定义一个函数，求两个数平方的阶乘和，如 $2^2! + 3^2!$。

分析：整体上看这个问题是一个求和问题，故可设计一个主函数 main()，用于求两数的和。可以编写两个函数，fact1() 函数实现计算一个数的平方值阶乘，fact2() 函数实现计算阶乘值。主函数先调用 fact1() 函数计算平方值，基于计算的平方值结果，调用 fact2() 函数计算平方值的阶乘值，然后返回 fact1()，最后返回 main() 主函数，在主程序中计算累加和 s。程序执行 main() 函数流程示意图如图 5-2 所示。

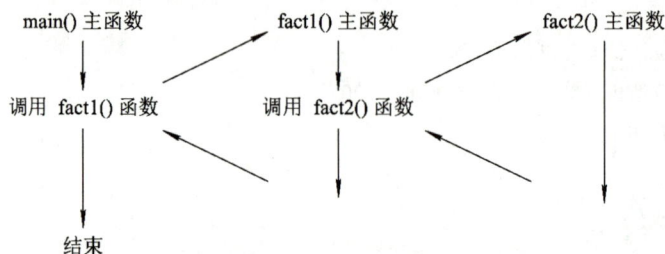

图 5-2　程序执行 main() 函数流程示意图

程序代码如下：

```
def fact2(b):
    c = 1
    for i in range(1, b + 1):
        c *= i
    return c
def fact1(a):
    k = a * a
    r = fact2(k)
    return r
def main():
    m = eval(input('m='))
    n = eval(input('n='))
    s = fact1(m) + fact1(n)
    print('%i 和 %i 的平方阶乘和为：%i' % (m, n, s))
main()
```

模拟运行函数结果为：

```
m=2
n=3
2 和 3 的平方阶乘和为：362904
```

嵌套调用函数时要保证在调用前已经定义了即将调用的函数，即本例中定义 main() 函数前要先定义 fact1() 函数，定义 fact1() 函数前需要先定义 fact2() 函数，故此程序的定义逻辑顺序依次为 fact2() 函数、fact1() 函数、main() 函数。

5.1.5　递归函数

一个函数调用其他函数形成了函数的嵌套调用，如果一个函数的函数体中又直接或间接地调用该函数本身则形成了函数的递归调用。简而言之，函数自己调用自己就是递归。递归是一种通过函数调用自身来解决问题的技术，其中当前步骤的计算依赖于函数在前一次调用（或多次调用）中产生的结果。在实际应用中，许多问题的求解方法具有递归特征，即通过重复将复杂问题分解为同类子问题而解决问题的求解算法，思路清晰简洁。

Python 中允许使用递归函数，如果函数 a 中又调用了函数 a 自己，则称函数 a 为直接递归，如果函数 a 中先调用函数 b，函数 b 中又调用函数 a，则称函数 a 为间接递归。程序中常用的是直接递归。

【例 5-8】　当 n 为自然数时，求 n 的阶乘 n!。

分析：当 n≤1 时，n! = 1；当 n＞1 时，n! = n(n−1)!。从数学角度来说，如果要计算出 f(n) 的值，就必须先计算出 f(n−1)，而要计算出 f(n−1) 的值，就必须先计算出 f(n−2)，就这样递归下去直到计算 f(1) 时为止。若已知 f(1)，就可以向回推算 f(2)，一直往回推算出 f(n)。以下通过循环和递归的方式分别计算 n!。代码如下：

```
# 循环方式
```

```
def fac1(n):
    js = 1
    for i in range(1, n + 1):
        js *= i
    return js
# 递归方式
def fac2(n):
    if n <= 1:
        return 1
    else:
        return n * fac2(n - 1)
# 分别调用函数
m = int(input('m='))
x = fac1(m)
print(' 循环方式的求解 %i! 结果为： ' % m, x)
y = fac2(m)
print(' 递归方式的求解 %i! 结果为： ' % m, y)
```

模拟运行结果为：

```
m=5
循环方式的求解 5! 结果为： 120
递归方式的求解 5! 结果为： 120
```

在递归函数 fac2(n) 中使用了 n*fac2(n－1) 的表达形式，该形式调用了 fac2(n) 函数，这是一种典型的直接递归调用。以上两种求解方式，就程序的简洁性来说，递归比循环控制结构更自然简洁，但对于初学者，递归函数的执行过程需要认真体会。

在次数较少时，循环和递归都能实现计算结果输出。读者可以测试当 m＝1000 时，使用递归调用查看是否出现 "RecursionError: maximum recursion depth exceeded in comparison" 这样的异常，如果出现就表明栈溢出。

5.2   函 数 的 参 数

上一节提到，函数定义时，圆括号内可以带有参数，如果一个函数带有多个参数，可使用逗号进行分隔，当然函数也可以没有参数，即不需要接收外部输入就能实现函数的功能。函数定义时的参数称为形参，具体调用函数时给出的参数称为实参。形参和实参涉及变量引用的有关知识，故本节先了解变量的引用，然后学习函数调用时参数的类型。

5.2.1   变量的引用

1. 引用的概念

在 Python 中，变量和数据是分开存储在内存中的，数据保存在内存中的一个位置（地

址)，变量保存着数据在内存中的地址，即变量中记录的是数据的地址，这就叫作引用。使用 id() 函数可以查看变量中保存数据所在的内存地址。

如果变量已经被定义，则当给一个变量赋值时，本质上是修改了数据的引用，即变量不再对之前的数据进行引用，而改为对新赋值的数据进行引用。

在 Python 中，变量的引用类似于用便签纸贴在数据上，如图 5-3 所示。a、b 变量经赋值后，其内存地址为存储值的内存地址。

代　　　码	图　　示
a = 1 print('a 的内存地址为 :', id(a)) # 输出结果 "a 的内存地址为 : 1572078064"	
b = 1 print('b 的内存地址为 :', id(b)) # 输出结果 "b 的内存地址为 : 1572078064"	
b = 2 print('b 的内存地址为 :', id(b)) # 输出结果 "b 的内存地址为 : 1572078096"	
a = b print('a 的内存地址为 :', id(a)) # 输出结果 "a 的内存地址为 : 1572078096"	

图 5-3　变量引用示意图

2. 不可变对象引用

在调用函数时，若传递的是不可变对象变量 (如数字类型 int、bool、float，字符串 str，元组 tuple)，则在函数体内使用赋值语句修改变量的值，其结果实际上是创建了一个新的对象，会改变对象引用。

【例 5-9】 使用赋值语句修改不可变对象的值。代码如下：

```
demo_1 = 12
print(" 定义列表后 demo_1 的内存地址为 %d" % id(demo_1))
demo_1 = 28
print("= 修改数据后 demo_1 的内存地址为 %d" % id(demo_1))
demo_1 += 10
print("+= 修改数据后 demo_1 的内存地址为 %d" % id(demo_1))
```

程序执行结果：

```
定义列表后 demo_1 的内存地址为 1775698768
= 修改数据后 demo_1 的内存地址为 1775699280
```

+= 修改数据后 demo_1 的内存地址为 1775699600

3. 可变对象引用

在调用函数时，若传递的是可变对象变量 (如列表 list、字典 dict)，则在函数体内使用可变对象提供的方法修改传递的可变对象的数据值，不会改变对象引用。但如果给可变对象变量使用 "=" 赋值了一个新的数据，则变量不再对之前的对象进行引用，会改为对新赋值的对象进行引用。

【例 5-10】 使用可变对象提供的方法修改数据。代码如下：

```
demo_list = [1, 2, 3]
print(" 定义列表后 demo_list 的内存地址为 %d" % id(demo_list))
demo_list.append(999)
demo_list.pop(0)
demo_list.remove(2)
demo_list[0] = 10
print(" 修改数据后 demo_list 的内存地址为 %d" % id(demo_list))
demo_dict = {"name": " 小明 "}
print(" 定义字典后 demo_dict 的内存地址为 %d" % id(demo_dict))
demo_dict["age"] = 18
demo_dict.pop("name")
demo_dict["name"] = " 老王 "
print(" 修改数据后 demo_dict 的内存地址 %d" % id(demo_dict))
```

程序执行结果为：

```
定义列表后 demo_list 的内存地址为 80399112
修改数据后 demo_list 的内存地址为 80399112
定义字典后 demo_dict 的内存地址为 80499720
修改数据后 demo_dict 的内存地址 80499720
```

在 Python 中，列表变量调用 "+=" 本质上是在执行列表变量的 .extend 方法，不会修改变量的引用，如下面一段代码：

```
def demo(num_list):
    print(" 函数内部代码 ")
    num_list += num_list
    print(num_list)
    print(" 函数代码完成 ")
gl_list = [1, 2, 3]
demo(gl_list)
print(gl_list)
```

程序运行结果为：

```
函数内部代码
[1, 2, 3, 1, 2, 3]
函数代码完成
```

[1, 2, 3, 1, 2, 3]

需要注意的是，在函数定义与调用过程中，如果针对参数使用"="赋值语句，那么无论传递的参数是可变的还是不可变的，都相当于在函数内部另外创建了一个同名变量，不会影响到外部变量的引用，如以下代码：

```
def demo(num, num_list):
    print(" 函数内部 ")
    #"=" 赋值语句
    num = 200
    num_list = [1, 2, 3]
    print(num)
    print(num_list)
    print(" 函数代码完成 ")
gl_num = 99
gl_list = [4, 5, 6]
demo(gl_num, gl_list)
print(gl_num)
print(gl_list)
```

程序运行结果为：

```
函数内部
200
[1, 2, 3]
函数代码完成
99
[4, 5, 6]
```

5.2.2　位置参数

函数调用时的参数通常采用按位置匹配的方式，即实参按顺序传递给相应位置的形参，这里实参的顺序和数量与形参完全匹配。

【例 5-11】 位置参数示例。代码如下：

```
def func1(x, y, z):
    print(x + y + z)
func1(2, 3, 4)
func1(5, 6)
```

程序执行结果为：

```
9
-----------------------------------------------------------------------
TypeError                     Traceback (most recent call last)
<ipython-input-8-d5b5598d2fba> in <module>()
    2   print(x+y+z)
    3 func1(2,3,4)
```

```
----> 4 func1(5,6)
```

```
TypeError: func1() missing 1 required positional argument: 'z'
```

上述程序执行过程显示，第一次调用函数 func1(2,3,4) 正常执行，第二次调用函数 func1(5,6) 时，因输入实参数量与函数定义时的形参数量不匹配，故引发了 TypeError，从错误提示可以看出是缺少了位置参数 z。读者也可以尝试多传递一个实参调用 func1(7,8,9,10) 查看执行结果。

注意：如果函数调用时传递的实参和函数定义时的形参数量一致且数据类型相同，但位置不一致，执行程序虽然不会抛出 TypeError 异常，但一般会得到错误的结果。

【例 5-12】 位置参数示例：有一圆柱体，底面半径为 3，柱高为 5，求其表面积。代码如下：

```
from math import pi
def cylinder(r, h):
    s = 2 * pi * r * h + 2 * pi * r * r
    return s
print(' 正确的结果为：%.2f' % cylinder(3, 5))
print(' 错误的结果为：%.2f' % cylinder(5, 3))
```

程序执行结果为：

```
正确的结果为：150.80
错误的结果为：251.33
```

圆柱体表面积由侧面积和两个圆面积组成，如果调用函数时弄错了底面积圆的半径和圆柱体的高，则会得到不同的结果。故调用函数时，不仅仅要注意函数实参的数量，也要注意位置的一一对应。

5.2.3 关键字参数

关键字参数是指调用函数时使用形式参数的名字来指定对应的参数值。通过关键字参数指定函数实参时，只需要将具体值赋值给指定形参即可，不需要与形参的位置完全相同，从而使函数的参数传递更加灵活。关键字参数的形式如下：

```
形参名 = 实参值
```

【例 5-13】 关键字参数示例：有一圆柱体，底面半径为 3，柱高为 5，求其表面积。代码如下：

```
from math import pi
def cylinder(r, h):
    s = 2 * pi * r * h + 2 * pi * r * r
    return s
print(' 位置参数调用的结果为：%.2f' % cylinder(3, 5))
print(' 关键字参数调用的结果 1 为：%.2f' % cylinder(r=3, h=5))
print(' 关键字参数调用的结果 2 为：%.2f' % cylinder(h=5, r=3))
```

程序执行结果为：

位置参数调用的结果为：150.80

关键字参数调用的结果 1 为：150.80

关键字参数调用的结果 2 为：150.80

以上示例可见，3 种实参传递方式的结果都一样。

【例 5-14】　关键字参数示例。代码如下：

```
def func2(x, *, y, z):
    print(x + y + z)
func2(2, z=3, y=4)
```

程序执行结果为：

```
9
```

以上示例中，参数中的 * 不是真正的参数，而是用于说明在函数调用时该位置后面的所有参数必须以关键字参数的形式进行传递。

5.2.4　默认值参数

Python 支持默认值参数，即定义函数时可以为形参设置默认值。调用带有默认值参数的函数时，可以不传递默认参数而使用默认值，但也可以将具体值传递给带有默认值的参数。默认参数形式如下：

```
形参名 = 默认值
```

在定义函数默认值参数时要注意，其设置顺序要放在一般位置参数的后面，即任何一个默认值参数右边不能出现普通位置参数，否则会出现语法错误 SyntaxError。

Python 中很多内置函数、标准库函数等也支持默认值参数，如常见的 print() 函数的 sep 和 end 参数、sorted() 函数的 key 和 reverse 参数、sum() 函数的 start 参数等。

【例 5-15】　默认值参数示例 1。代码如下：

```
def func3(x, y, z=10):
    print(x + y + z)
func3(3, 4)              # 不传递默认值参数值
func3(3, 4, 5)           # 传递默认值参数值
```

程序执行结果为：

```
17
12
```

【例 5-16】　默认值参数示例 2。代码如下：

```
def func4(x, y=10, z):
    print(x + y + z)
func4(3, 4, 5)
```

程序执行结果为：

```
  File "<ipython-input-42-5c3590efa779>", line 1
    def func4(x,y=10,z):
            ^
SyntaxError: non-default argument follows default argument
```

以上默认值参数示例 2 中，定义函数 func4() 时没有遵守默认值参数的设置要求，即误把默认值参数放到位置参数后面，故出现了 SyntaxError 异常报错。

5.2.5　可变长度参数

在程序设计过程中，可能遇到参数个数不确定的情况，这时就需要使用可变长度的函数参数来实现程序功能。在 Python 中，提供了元组 (非关键字参数) 和字典 (关键字参数) 两种可变长度参数。

1. 元组可变长度参数

元组可变长度参数的表示方式是函数定义时，在形参参数名前加 "*"，用于接收任意多个位置参数，并将其放在一个元组中。

【例 5-17】　元组可变长度参数使用示例。代码如下：

```
def func5(x, y=10, *z):
    return x, y, z
print(func5(5, 6, 7, 8, 9))
```

程序执行结果为：

```
(5, 6, (7, 8, 9))
```

2. 字典可变长度参数

在 Python 中允许使用关键字参数，也提供了可变个数的关键字参数，即字典可变长度参数。其表示方式是函数定义时，在形参参数名前加 "**"，用于调用函数时接收任意多个关键字参数，形式如下：

```
关键字 = 实参值
```

在字典可变长度参数中，关键字和实参值被放到一个字典中，分别作为字典的 key 值和 value 值。

【例 5-18】　字典可变长度参数使用示例。代码如下：

```
def func6(**h):
    return h
print(func6(i=9, j=10, k=11))
```

程序执行结果为：

```
{'k': 11, 'j': 10, 'i': 9}
```

需要注意的是，所有的形参必须在可变长度参数之前，形参一般从左到右的顺序为：位置参数、默认参数、可变长度参数。以下案例就是几种不同形式参数混合使用的方法。

【例 5-19】　计算以下程序的运行结果。代码如下：

```
def func7(x, y=10, *z, **h):
    t = x + y
    for i in range(0, len(z)):
        t += z[i]
    for j in h.values():
        t += j
```

```
        return t
    s = func7(2, 3, 4, 5, 6, k1=8, k2=9)
    print(s)
```

说明：调用 func7() 函数时，实参和形参结合后有 x=2, y=3, z=(4,5,6), h={"k1":8, "k2":9}，函数体运行中首先将 x+y 的值赋给 t（得到 t = 5），然后遍历元组，将元组的值叠加给 t（得到 t = 20），再遍历字典，将字典中每个 value 值叠加给 t（得到 t = 37），最后返回结果为 37。

5.3　变量的作用域

变量声明的位置不同，其可以被访问的范围也不同。变量的可被访问范围称为变量的作用域。变量按其作用域大致可分为全局变量、局部变量和类成员变量。

5.3.1　全局变量

在函数和类定义之外声明的变量称为全局变量，作用域为其定义的模块文件，从定义的位置起直到文件的结束位置。为了保证所有的函数都能够正确使用全局变量，一般将全局变量定义在所有函数的上方。

模块中的全局变量可以通过 import 语句导入模块，使用全限定名称"模块名 . 变量名"访问，或者通过 from...import 语句导入模块中的变量并直接使用变量名访问。在函数内部，可以通过全局变量的引用获取对应的数据，但是，不能直接使用赋值语句修改全局变量的值。

如果不同的模块文件都能访问全局变量，则会导致全局变量的不可预见性。如果多个语句同时修改一个全局变量，则可变范围太大了，导致程序不好维护。故在一般情况下，应该尽量避免使用全局变量，全局变量一般作为常量使用。

【例 5-20】　函数外定义的全局变量在函数内调用。代码如下：

```
pi = 3.14              # 定义圆周率为 3.14，pi 即为全局变量
def func8(r):
    C = pi * r * r
    S = 2 * pi * r
    return C, S
print(' 圆的周长和面积分别为 :', func8(10))
```

程序运行结果为：

圆的周长和面积分别为 : (314.0, 62.800000000000004)

5.3.2　局部变量

在函数体中声明的变量（包括函数参数）被称为局部变量，其作用域为函数体，主要用来存储函数内部临时使用的数据。函数执行结束后，函数内部的局部变量会被系统回收。全局代码不能引用函数的局部变量或形参变量，一个函数也不能引用在另一个函数中定义的局部变量或形参变量。不同的函数可以定义相同名字的局部变量，但是彼此之间不会产生影响。

【例 5-21】   局部变量引用示例。代码如下：

```
def func9(r):
    pi = 3.14
    print(' 局部变量 pi 为： ', pi)
    C = pi * r * r
    S = 2 * pi * r
    return C, S
print(' 圆的周长和面积分别为 :', func9(10))
print(pi)
```

程序运行结果为：

```
局部变量 pi 为：  3.14
圆的周长和面积分别为 : (314.0, 62.800000000000004)
-------------------------------------------------------------------------
NameError                        Traceback (most recent call last)
<ipython-input-1-9537f6546774> in <module>()
        6    return C,S
        7 print(' 圆的周长和面积分别为 :',func9(10))
----> 8 print(pi)

NameError: name 'pi' is not defined
```

说明：这里的异常报错出现在"print(pi)"语句，报错信息为"NameError: name 'pi' is not defined"，是因为在函数内部定义的局部变量 pi，其作用域为函数体，全局代码不能引用函数的局部变量 pi。

函数执行中，需要处理变量时会首先查找函数内部是否存在指定名称的局部变量。如果有，就直接使用；如果没有，则查找函数外部是否存在指定名称的全局变量。如果有，则直接使用；如果还没有，则程序会出现异常报错。如果在一个函数中定义的局部变量（或形参变量）与全局变量重名，则局部变量（或形参变量）优先引用，即此时函数中引用的变量是局部变量，而不是全局变量。

【例 5-22】   函数内定义局部变量与全局变量同名示例。代码如下：

```
pi = 3.141592653589793
print(' 全局变量 pi 为： ', pi)
def func10(r):
    pi = 3.14
    print(' 局部变量 pi 为： ', pi)
    C = pi * r * r
    S = 2 * pi * r
    return C, S
print(' 圆的周长和面积分别为 :', func10(10))
```

程序运行结果为：

全局变量 pi 为：3.141592653589793

局部变量 pi 为：3.14

圆的周长和面积分别为：(314.0, 62.800000000000004)

5.3.3　global 语句

在函数体中可以使用全局变量，但如果在函数内部定义与全局变量同名的变量，则将出现的同名变量解释为局部变量，如果在函数内部定义同名局部变量之前使用了该变量，则会出现异常报错。

【例 5-23】　函数内部先使用即将定义的与全局变量同名的局部变量示例。代码如下：

```
from math import pi
print(' 全局变量 pi 为：', pi)
def func11(r):
    C = pi * r * r
    S = 2 * pi * r
    pi = 3.14
    print(' 局部变量 pi 为：', pi)
    return C, S
print(' 圆的周长和面积分别为 :', func11(10))
```

程序运行结果为：

全局变量 pi 为：3.141592653589793

UnboundLocalError   Traceback (most recent call last)
<ipython-input-48-47b9fd595aad> in <module>()
      7   print(' 局部变量 pi 为：',pi)
      8   return C,S
----> 9 print(' 圆的周长和面积分别为 :',func11(10))

<ipython-input-48-47b9fd595aad> in func11(r)
      2 print(' 全局变量 pi 为：',pi)
      3 def func11(r):
----> 4   C=pi*r*r
      5   S=2*pi*r
      6   pi=3.14

UnboundLocalError: local variable 'pi' referenced before assignment

在调用的 func11() 函数中，语句 C=pi*r*r 出现异常报错，原因是函数中的 pi 是局部变量，在对其赋值前被提前使用了。

针对以上案例情况，如果要在函数内部使用全局变量或要修改全局变量的值，可使用 global 语句表明即将使用的变量是在函数外部定义的全局变量。global 语句可以指定多个全局变量，如"global x,y,z"。一般尽量避免这样使用全局变量，因为这容易导致程序的可读性变差。

【例 5-24】 global 语句示例。代码如下：

```
from math import pi
print(' 全局变量 pi 为：', pi)
def func12(r):
    global pi
    C = pi * r * r
    S = 2 * pi * r
    pi = 3.14
    return C, S
print(' 圆的周长和面积分别为 :', func12(10))
print(' 修改后全局变量 pi 为：', pi)
```

程序运行结果为：

全局变量 pi 为：3.141592653589793

圆的周长和面积分别为 : (314.1592653589793, 62.83185307179586)

修改后全局变量 pi 为：3.14

5.4   lambda 表达式

在 Python 中，可以使用 lambda 关键字在同一行内定义一个函数。由于不指定函数名，所以这种函数被称为匿名函数，又叫 lambda 函数。

1. lambda 函数的定义

lambda 函数的语法格式如下：

lambda [参数 1[, 参数 2, ... , 参数 n]]: 表达式

其中，关键字 lambda 表示该函数为匿名函数，方括号里面是函数参数，可以有多个。只能有一个表达式，该表达式的结果就是函数的返回值。由于匿名函数不能包含语句或多个表达式，所以不用写 return 语句。例如：

lambda x, y: x + y

该函数定义了一个函数，函数参数为 x 和 y，函数返回值为 x+y 表达式的值。匿名函数不仅体量小，而且没有名称，故不用担心函数名称的冲突。

2. lambda 函数的调用

lambda 函数也是一个函数对象，通常将其赋值给一个变量，再利用变量来调用该函数。例如：

s = lambda x, y: x + y

s(2, 3)

运行结果为：

```
5
```

以上匿名函数定义与调用等价于使用 def 关键字定义函数与通过函数名调用函数，可写为：

```
def s(x,y):
    return x+y
s(2,3)
```

当然，定义和调用匿名函数，也可指定默认值参数和关键字参数。

【例 5-25】　匿名函数的定义与调用示例。

源程序如下：

```
s = lambda a, b=2, c=3: a ** 2 + b * c
print('s(5,6) 的值为 :', s(5, 6))
print('s(5,6,7) 的值为 :', s(5, 6, 7))
print('s(c=10,b=6,a=2) 的值为 :', s(c=10, b=6, a=2))
```

程序运行结果为：

```
s(5,6) 的值为 : 43
s(5,6,7) 的值为 : 67
s(c=10,b=6,a=2) 的值为 : 64
```

3. 把 lambda 函数作为函数的返回值

可以把匿名函数作为普通函数的返回值返回，如下面一段代码：

```
def func():
    return lambda x, y: x * x + y * y
f = func()
print(f(2, 3))
```

运行结果为：

```
13
```

以上代码中，语句"f=func()"执行时，将普通函数 func() 的返回值赋值给 f 变量，所以可以通过 f() 的形式调用匿名函数。

4. 把 lambda 函数作为序列或字典的元素

可以将匿名函数作为序列或字典的元素，以列表为例，一般格式如下：

```
列表名 =[ 匿名函数 1, 匿名函数 2, ... , 匿名函数 n]
```

此时，可以以序列或字典元素引用作为匿名函数参数，传递实参来调用匿名函数，一般格式如下：

```
序列或字典元素引用 ( 匿名函数实参 )
```

【例 5-26】　lambda 函数作为序列或字典的元素使用示例。代码如下：

```
f1 = [lambda x, y: x * y, lambda x, y: x % y]
print(' 列表匿名函数调用的值为 :', f1[0](3, 6), f1[1](3, 6))
```

```
f2 = {'a': lambda x, y: x * y, 'b': lambda x, y: x % y}
print(' 字典匿名函数调用的值为 :', f2['a'](3, 6), f2['b'](3, 6))
```

程序运行结果为：

```
列表匿名函数调用的值为 : 18 3
字典匿名函数调用的值为 : 18 3
```

5.5　Python 的内置函数

Python 语言除了用户自定义函数外，还提供了丰富的实现各种功能的内置函数，内置函数可以自动加载，程序中直接使用。下面分类介绍一些常用的内置函数及其使用方法。

5.5.1　数学运算函数

与数学运算相关的常用 Python 内置函数如表 5-1 所示。

表 5-1　与数学运算相关的常用 Python 内置函数

函 数 名	功 能 说 明	示 例
abs(x)	求绝对值，参数可以是整型，也可以是复数，若参数是复数，则返回复数的模	abs(-6) 结果 : 6
divmod(a, b)	分别取商和余数，参数可以是整型、浮点型	divmod(9, 4) 结果 : (2, 1) divmod(9.2, 4.6) 结果 : (2.0, 0.0)
max(iterable[,args...][key])	返回集合中的最大值，key 表示运算规则	max(2, 6, -1, -9, 3.2) 结果 : 6 max(2,6,-1,-9,3.2,key=abs) 结果 : -9
min(iterable[,args...][key])	返回集合中的最小值，key 表示运算规则	min(2, 6, -1, -9, 3.2) 结果 : -9
pow(x, y[, z])	返回 x 的 y 次幂，如果有 z 则返回 pow(x,y)%z	pow(3, 4) 结果 : 81 pow(3, 4, 5) 结果 : 1
round	四舍五入	round(3.141592, 2) 结果 : 3.14
sum(iterable[, start])	对集合求和，start 表示起始值，如省略则默认为 0	sum((1, 2, 3, 4), -2) 结果 : 8

5.5.2　字符串运算函数

字符串作为一种常用的数据类型，提供了大小写转换、查找和替换、拆分、合并等常用的函数方法。表 5-2 为与字符串运算相关的常用 Python 内置函数。

表 5-2　与字符串运算相关的常用 Python 内置函数

函 数 名	功 能 说 明	示 例
len(x)	返回字符串 x 的长度，也可返回组合数据类型的元素个数	len(' 一二三 123py') 结果：8
str(x)	返回任意数据类型 x 对应的字符串形式	str(123) 结果：'123 ' str([1,2,3]) 结果：'[1, 2, 3]'
chr(u)	u 为 Unicode 编码，返回对应的单字符	chr(21776) 结果：' 唐 '
ord(x)	x 为单字符，返回对应的 Unicode 编码	ord(' 唐 ') 结果：21776
oct(i)	将整数 i 转化为八进制字符串	oct(10) 结果：'0o12'
hex(i)	将整数 i 转换为十六进制字符串	hex(10) 结果：'0xa'
bin(i)	将整数 x 转换为二进制字符串	bin(10) 结果：'0b1010'

5.5.3　转换函数

转换函数主要用于不同数据类型之间的转换，常用内置转换函数见表 5-3。

表 5-3　常用内置转换函数

函 数 名	功 能 说 明	示 例
bool(x)	将 x 转换为布尔值，非 0 即真，非空即真	bool(5) 结果：True bool([]) 结果：False
complex(real[,imag])	创建一个复数	complex(2,5) 结果：(2+5j) complex('2+5j') 结果：(2+5j)
int(x[,base])	将 x 转换为 int 数据，x 可以是数字或字符串，默认情况是十进制转换，但当 base 被赋值后，x 只能是 base 类型字符串	int(12.8) 结果：12 int('111') 结果：111 int('111',base=8) 结果：73

续表

函 数 名	功 能 说 明	示 例
float(x)	将一个字符串或数转换为浮点数，如果 x 是整数，则结果默认保留一位小数	float(15) 结果 :15.0 float('15.68') 结果 :15.68
eval(expression)	将字符串生成一个语句并执行	eval('2*3+5') 结果 :11

5.5.4　序列操作函数

序列作为一种重要的数据结构，包括字符串、列表、元组、字典等，其也有很多内置操作函数。常用序列操作函数见表 5-4。

表 5-4　常用序列操作函数

函 数 名	功 能 说 明
all(iterable)	集合中的元素都为真时为真，否则为 Flase，若为空串则返回 True
any(iterable)	集合中的元素有一个为真时为真，若为空串则返回 Flase
range([start], stop[, step])	产生一个序列，默认从 0 开始，步长为 1
map(function, iterable,...)	遍历每个元素，执行 function 操作，生成新的可迭代对象
filter(function, iterable)	使用指定方法过滤可迭代对象的元素
reduce(function, iterable[, initializer])	对序列中的元素进行累积操作，通过将一个二元函数 function 应用于序列的前两个元素，然后将结果与下一个元素结合，以此类推，最终得到一个单一的结果
zip(iter1[,iter2,...])	聚合传入的每个迭代器中相同位置的元素，返回一个新的元组类型迭代器
sorted(iterable [, key[, reverse]])	对迭代对象进行排序，返回一个新的列表
reversed(seq)	返回序列 seq 的反向访问迭代器，参数可以是列表、元组、字符串，不改变原对象

5.6　综合案例——名片管理系统

【综合案例】　日常名片管理系统能有效地减轻我们每个人记住联系人信息的负担，能够为用户提供充足的信息和快捷的查询等操作手段。试运用所学知识，编写一个简易名片信息管理系统。

功能需求：

(1) 程序启动，显示名片管理系统欢迎界面 (如下所示)，并显示功能菜单。

```
************************************
欢迎使用【名片管理系统】V1.0
1.新建名片
2.显示名片
3.查询名片（含修改）
0.退出系统
************************************
```

(2) 用户用数字选择不同的功能，根据用户输入信息进行功能选择，执行不同的功能。

(3) 新建名片：信息由控制台输入即可，记录信息包含姓名、电话、QQ、邮箱。

(4) 显示名片：格式化输出名片如下所示。

姓名	电话	QQ	邮箱

(5) 查询名片：根据姓名查找，如果查询到指定的名片，用户可以选择修改或者删除名片。

(6) 退出系统：再次询问是否退出系统，确定的情况下才退出。

根据以上功能需求，可将本设计大致分为以下步骤。

1. 框架搭建

(1) 新建文件 cards_system.py，搭建名片管理系统框架结构，编写主运行循环，实现基本的用户输入和判断。编写主运行循环框架代码初稿如下：

```
while True:
    # TODO 显示系统菜单 ( 用于标记即将要做的工作 )
    action = input(" 请选择操作功能：")
    print(" 您选择的操作是：%s" % action)
    # 根据用户输入决定后续的操作
    if action in ["1", "2", "3"]:
        pass  # 占位语句，用于保持程序结构的完整性
    elif action == "0":
        print(" 欢迎再次使用【名片管理系统】")
        break
    else:
        print(" 输入错误，请重新输入。")
```

(2) 在主运行循环程序的上方创建 4 个新函数的框架，预备分别封装以下功能：显示菜单、新建名片、显示全部名片、查询名片。具体代码如下：

```
def show_menu():
    """ 显示菜单 """
    print("*" * 50)
    print(" 欢迎使用【名片管理系统】V1.0")
    print()
```

```python
        print("1. 新建名片 ")
        print("2. 显示全部 ")
        print("3. 查询名片 ( 含修改 )")
        print()
        print("0. 退出系统 ")
        print("*" * 50)
def new_card():
        """ 新建名片 """
        print("-" * 50)
        print(" 功能：新建名片 ")
def show_all():
        """ 显示全部名片 """
        print("-" * 50)
        print(" 功能：显示全部 ")
def search_card():
        """ 查询名片 """
        print("-" * 50)
        print(" 功能：查询名片 ")
```

(3) 在主运行循环中调用步骤 (2) 创建的 4 个新函数，设计主运行循环框架代码如下：

```python
while True:
        show_menu()
        action = input(" 请选择操作功能： ")
        print(" 您选择的操作是：%s" % action)
        if action in ["1", "2", "3"]:
            if action == "1":
                new_card()
            elif action == "2":
                show_all()
            elif action == "3":
                search_card()
        elif action == "0":
            print(" 欢迎再次使用【名片管理系统】")
            break
        else:
            print(" 输入错误，请重新输入： ")
```

2. 设计保存名片数据的结构

程序就是用来处理数据的，而变量就是用来存储数据的。本案例涉及创建名片库后对名片库的增、删、改、查操作，故设计一个列表变量 card_list 统一记录所有的名片信息，初始变量为空。又因所有名片相关操作都需要使用这个列表，故位置应该定义在程序的顶部。代码如下：

```
# 所有名片记录的列表
card_list = []
```

每个名片包含姓名、电话、QQ 和 email 4 条信息，根据数据特点，这里设计使用字典 card_dict 保存每个名片信息，再把每个 card_dict 保存的名片信息放到 card_list 列表中，card_list 列表的数据结构示意如图 5-4 所示。后续的新增名片、显示名片和搜索名片等操作均基于 card_list 列表进行。

```
{姓名: 张三,            {姓名: 李四,            {姓名: 王五,
电话: 110,              电话: 120,              电话: 119,
QQ: 12345,             QQ: 66666,             QQ: 99999,
email: zs@itheima.com} email: ls@itheima.com} email: ww@itheima.com}
```

图 5-4　card_list 列表记录所有名片字典数据结构示意

3. 完善 new_card() 函数功能

新增名片 new_card() 函数的功能主要有以下几点：

(1) 提示用户依次输入每个名片的 4 个对应信息；

(2) 将名片信息保存到一个临时字典变量 card_dict；

(3) 将字典添加到名片列表 card_list；

(4) 提示名片添加完成。

根据以上步骤，设计完善 new_card() 函数的功能代码如下：

```python
def new_card():
    """ 新建名片 """
    print("-" * 50)
    print(" 功能：新建名片 ")
    # 1. 提示用户输入名片信息
    name = input(" 请输入姓名： ")
    phone = input(" 请输入电话： ")
    qq = input(" 请输入 QQ 号码： ")
    email = input(" 请输入邮箱： ")
    # 2. 将用户信息保存到一个字典
    card_dict = {"name": name,
                 "phone": phone,
                 "qq": qq,
                 "email": email}
    # 3. 将用户字典添加到名片列表
    card_list.append(card_dict)
    print(card_list)
    # 4. 提示添加成功信息
    print(" 成功添加 %s 的名片 " % card_dict["name"])
```

4. 完善 show_all() 函数功能

显示全部名片 show_all() 函数的功能主要是实现 card_list 变量的格式化显示，可循环遍历名片列表，顺序显示每一个字典的信息，格式如下：

姓名	电话	QQ	邮箱

具体代码如下：

```python
def show_all():
    """ 显示全部 """
    print("-" * 50)
    print(" 功能：显示全部 ")
    # 判断是否有名片记录
    if len(card_list) == 0:
        print(" 提示：没有任何名片记录 ")
        return # 表示该函数如果执行 return 就不再执行后续的代码
    else:
        # 打印表头
        for title in [" 姓名 ", " 电话 ", "QQ", " 邮箱 "]:
            print(title, end="\t\t")
        print()
        # 打印分隔线
        print("=" * 50)
        for card_dict in card_list:
            print("%s\t\t%s\t\t%s\t\t%s" % (card_dict["name"],
                                        card_dict["phone"],
                                        card_dict["qq"],
                                        card_dict["email"]))
```

5. 完善 search_card() 函数功能

查询名片 search_card() 函数的功能主要有以下几点：

(1) 提示用户要查询的姓名；

(2) 根据用户输入的姓名遍历列表；

(3) 搜索到指定的名片后，再执行后续的修改或删除操作。

根据以上要求，初步设计 search_card() 函数功能代码如下：

```python
def search_card():
    """ 搜索名片 """
    print("-" * 50)
    print(" 功能：搜索名片 ")
    # 1. 提示要查询的姓名
    find_name = input(" 请输入要搜索的姓名：")
```

```
# 2. 遍历字典
for card_dict in card_list:
    if card_dict["name"] == find_name:
        print(" 姓名 \t\t\t 电话 \t\t\tQQ\t\t\t 邮箱 ")
        print("-" * 40)
        print("%s\t\t\t%s\t\t\t%s\t\t\t%s" % (
            card_dict["name"],
            card_dict["phone"],
            card_dict["qq"],
            card_dict["email"]))
        print("-" * 40)
        # TODO 针对找到的字典进行后续操作："修改/删除"

        break
    else:
        print(" 没有找到 %s" % find_name)
```

以上代码中，针对找到的名片字典可进行后续修改/删除操作，因为该操作相对内容较为复杂，故在此可设计一个 deal_card() 函数，用于对查找到的名片字典进行修改/删除操作。deal_card() 函数代码如下：

```
def deal_card(find_dict):
    """ 操作搜索到的名片字典
    :param find_dict: 找到的名片字典
    """
    print(find_dict)
    action_str = input(" 请选择要执行的操作 "
                       "[1] 修改 [2] 删除 [0] 返回上级菜单 ")
    if action == "1":
        find_dict["name"] = input(" 请输入姓名： ")
        find_dict["phone"] = input(" 请输入电话： ")
        find_dict["qq"] = input(" 请输入 QQ： ")
        find_dict["email"] = input(" 请输入邮件： ")
        print("%s 的名片修改成功 " % find_dict["name"])
    elif action == "2":
        card_list.remove(find_dict)
        print(" 删除成功 ")
    elif action == "0":
        print(" 返回上一级菜单 ")
        return
```

在以上 deal_card() 的修改名片信息环节，如果用户在使用时，某些名片内容并不想修改，应该如何做呢？在此，既然系统提供的 input 函数不能满足需求，那么就新定义一个函数 input_card_info 对系统的 input 函数进行扩展，函数代码如下：

```python
def input_card_info(dict_value, tip_message):
    """ 输入名片信息
    :param dict_value: 字典原有值
    :param tip_message: 输入提示信息
    :return: 如果输入，则返回输入内容，否则返回字典原有值
    """
    # 1. 提示用户输入内容
    result_str = input(tip_message)
    # 2. 针对用户的输入进行判断，如果用户输入了内容，则直接返回结果
    if len(result_str) > 0:
        return result_str
    # 3. 如果用户没有输入内容，则返回字典中原有的值
    else:
        return dict_value
```

将 input_card_info() 函数嵌套到 deal_card() 函数中，完善设计 deal_card() 函数的功能代码如下：

```python
def deal_card(find_dict):
    """ 操作搜索到的名片字典
    :param find_dict: 找到的名片字典
    """
    print(find_dict)
    action_str = input(" 请选择要执行的操作 "
                       "[1] 修改 [2] 删除 [0] 返回上级菜单 ")
    if action == "1":
        find_dict["name"] = input_card_info(find_dict["name"], " 请输入姓名：")
        find_dict["phone"] = input_card_info(find_dict["phone"], " 请输入电话：")
        find_dict["qq"] = input_card_info(find_dict["qq"], " 请输入 QQ：")
        find_dict["email"] = input_card_info(find_dict["email"], " 请输入邮件：")
        print("%s 的名片修改成功 " % find_dict["name"])
    elif action == "2":
        card_list.remove(find_dict)
        print(" 删除成功 ")
    elif action == "0":
        print(" 不执行操作，返回上级菜单。")
        return
```

最后，将 deal_card() 函数嵌套到 search_card() 函数中，将原有设计的 "# TODO 针对找到的字典进行后续操作：修改/删除" 替换为 "deal_card(card_dict)"，完善设计 search_card() 函数功能代码。

习　题

一、选择题

(1) 下列不属于函数优点的是 (　　)。

A. 减少大量重复　　　　　　　B. 使程序模块化

C. 使程序便于阅读　　　　　　D. 便于发挥程序员的创造力

(2) 下列关于函数的说明中，正确的是 (　　)。

A. 函数定义时必须有形参

B. 函数定义时必须带 return 语句

C. 实参与形参的个数可以不同，类型可以任意

D. 函数中定义的变量只在该函数体中起作用

(3) 下列关于 Python 函数参数的描述中，错误的是 (　　)。

A. 实参与形参的名称必须相同

B. 在函数内部改变形参的值时，实参的值一般是不会改变的

C. 实参与形参分别存储在各自的内存单元中，是两个不相关的独立变量

D. Python 实行按值传递参数，值传递指调用函数时将常量或变量的值传递给函数的参数

(4) 可以用来创建 Python 自定义函数的关键字是 (　　)。

A. def　　　　　　　　　　　B. class

C. function　　　　　　　　　D. return

(5) 下列不属于函数的参数类型的是 (　　)。

A. 位置参数　　　　　　　　　B. 默认参数

C. 地址参数　　　　　　　　　D. 可变参数

(6) 下列函数不属于序列操作函数的是 (　　)。

A. map()　　　　　　　　　　B. reduce()

C. filter()　　　　　　　　　　D. lambda()

(7) 下列程序的运行结果是 (　　)。

```
def func(x=2, y=0):
    return x - y
f = func(y=func(), x=5)
print(f)
```

A. 2　　　　　　　　　　　　B. −3

C. 3　　　　　　　　　　　　D. 5

(8) 下列程序的运行结果是 (　　)。

```
s = 'hello'
```

```
def setstr():
    s = 'hi'
    s += 'world'
setstr()
print(s)
```

A. hi

B. hello

C. hi world

D. helloworld

(9) 已知 f=lambda x,y:x+y , 则 f([3],[1,2]) 的值是 (   )。

A. [1,2,3]

B. 6

C. [3,1,2]

D. {3,2,1}

(10) 有以下两个程序：

程序 1：

```
s = [1, 2, 3]
def f(x):
    x = x + [4]
f(s)
print(s)
```

程序 2：

```
s = [1, 2, 3]
def f(x):
    x += [4]
f(s)
print(s)
```

下列说法正确的是 (   )。

A. 两个程序均能正确运行，但结果不同

B. 两个程序的运行结果相同

C. 程序 1 能正确运行，程序 2 不能正常运行

D. 程序 1 不能正确运行，程序 2 能正常运行

二、填空题

(1) 调用以下程序得到的结果是 _____。

```
def func1(p):
    i1 = len(p)
    if i1 > 2:
        i2 = p[0:2]
    return i2
r = func1([11, 22, 33, 44, 55])
print(r)
```

(2) 调用以下程序得到的结果是 _____。

```
def func():
    total_1 = 0
    total_2 = 0
    for i in range(10):
        if i % 2 == 1:
            total_1 += i
        else:
            total_2 += -i
    total = total_1 + total_2
    return (total, total_1, total_2)
print(func())
```

(3) 调用以下程序得到的结果是 _____。

```
tu = [11, 22, 33, 44, 55, 66, 77, 88, 99, 90]
def func(list1):
    n1 = []
    n2 = []
    dir = {}
    for i in list1:
        if i > 66:
            n1.append(i)
        else:
            n2.append(i)
    dir["k1"] = n1
    dir["k2"] = n2
    return dir
print(func(tu))
```

(4) 如有以下定义的函数 demo():

```
def demo(*args):
    return args * 2
```

则 sum(demo(1,2,3)) 的值为 _____，len(demo(1,2,3)) 等于 _____。

(5) 如有以下定义的函数 demo():

```
def demo(a):
    for key in a:
        a[key] += 10
```

则 b = {1:10,2:20,3:30}，执行 demo(b) 后，b = _____。

三、综合题

(1) 自定义一个函数，将输入的字符串分为数字、字母和其他三类，然后各自拼接在一起，输出拼接后的结果和字符个数。

(2) 编写函数 change(s)，实现对参数 s 进行大小写转换，即其中的大写字母转换成小写字母，小写字母转换成大写字母，非英文字符不转换。

(3) 编写函数 days(date)，输入一个文本日期 date(格式为 2022-11-23)，计算输出该日期是今年的第几天和今年剩余天数。提示：闰年为年份能被 4 整除不能被 100 整除，或能被 400 整除。

(4) 编程设计一个年会抽奖函数 win()(也可设置其他自定义函数与其嵌套)。

需求：

① 系统生成一个 1~200 的序号列表模拟员工编号。

② 由用户输入抽奖等级后，打印显示出抽奖结果 (中奖名额与抽奖等级相等)。

③ 每个员工只能中奖 1 次，不能重复中奖。

第 6 章　面向对象程序设计

面向对象程序设计是一种设计范式，它以对象为中心，将数据和对数据的操作封装为一个统一的整体。通过使用类和实例化的对象，开发人员能够更高效地编写、维护、扩展和组织良好的代码。在本章中，首先将深入探讨面向对象编程的核心概念，然后重点讲解怎么创建一个类以及对类的实例化，接着详细介绍面向对象程序设计中的各种属性和方法，最后分享继承的用法。

6.1　面向对象概述

本小节主要介绍对象的概念以及面向对象的三大特点：封装、继承和多态。

1. 对象

对象是现实世界中客观存在的，如人、桌子、狗、飞机等都可以看成是对象。每个对象都有静态属性和动态行为，比如人，静态属性有姓名、年龄、身高等，动态行为有能跑能跳、会思考、会创造等。对象虽然具有相同的属性，但是每个对象又是不同的，因为它们的属性值不同。对象具有的行为，一般称为方法，方法可以被其他程序调用，也可以被对象自身调用。

2. 封装

封装是将数据和方法组合在一个整体内，并对外部隐藏其内部的细节。用户可以通过定义的公共接口来访问对象。封装可以简化编程，提高数据的安全性，同时也可以提高代码的可重用性和可维护性。

3. 继承

当多个类具有相同的属性和方法时，可以将相同的部分抽取出来放到一个类中作为父类，其他类继承这个父类。继承后，子类自动拥有了父类的属性和方法。但需要注意的是，父类的私有属性不能被继承，另外子类可以写自己特有的属性和方法，目的是实现功能的扩展。子类也可以复写父类的方法，即方法的重写。

4. 多态

多态即为不同的对象对同一个消息做出不同的响应。多态机制使具有不同内部结构的对象可以共享相同的外部接口。这意味着，虽然针对不同对象的具体操作不同，但通过一个公共的类，操作可以通过相同的方式予以调用。

6.2　创建类和实例对象

上一节主要介绍了对象和面向对象的三大特征，在本小节将介绍类的创建，以及通过类的实例化来生成一个或多个对象。

6.2.1　创建类

类是封装对象的属性和行为的载体。在 Python 中，提供了关键字 class 来声明一个类，具体的格式如下：

```
class Name:
    statement
```

- Name：类名，一般由大写字母开头。
- statement：类的主体，主要由方法和属性等语句组成。

注意：类名和变量名一样区分大小写，字母相同但是大小写不同的类会被解释器视为两个不同的类。现在定义一个 Cat 类：

```
class Cat:
    name=' 小白 '
    age=3


    def eat(self):
        print(' 猫爱吃鱼 ')
    def run(self):
        print(' 猫在飞快的跑 ')
```

6.2.2　创建实例对象

使用类可以创建一个实例，也叫实例对象。例如，生产线要生产一批产品，首先要做出这个产品的模具，这个模具就是类，生产出来的具体产品就是实例对象。

创建实例对象通过调用类名来完成，现在创建一个 cat 实例：

```
cat=Cat()
```

如果想要查看类中的属性值，可以用实例名 . 属性名，如下：

```
cat.name
```

运行结果：

```
' 小白 '
```

如果想要查看类中的方法，可以用实例名 . 方法名。

```
cat.eat()
```

运行结果：

猫爱吃鱼

如果想要给实例对象添加新的属性，可以用实例名 . 新的属性名。

cat.color=' 白色 '

6.3　属　　性

在面向对象的程序设计中，属性主要包含 self 属性、类属性以及实例属性，下面分别进行介绍。

6.3.1　self 属性

在定义一个类时，一般需要定义属性和方法。在方法的参数列表中，第一个参数是 self。self 表示对象本身，类似于 C 语言里面的指针。当实例对象调用方法时，不需要传递参数给 self。

【例 6-1】　计算矩形的面积。代码如下：

```
# 定义类:
class Rectangle():
    def area(self,a,b):
        return a*b
    def perimeter(self,a,b):
        return 2*(a+b)
```

运行结果：

```
r=Rectangle()                          # 实例化
print(" 矩形的面积：",r.area(2,3))       # 仅传递参数给 a 和 b
print(" 矩形的周长：",r.perimeter(2,3))
```

6.3.2　类属性

类属性是定义在类中，并且在方法外的属性。所有类的实例对象都共享该属性。类属性可以通过类名访问，也可以通过实例名访问。

【例 6-2】　类属性的应用示例。代码如下：

```
# 定义类:
class Dog():
    name=' 小黑 '                        # 类属性
    age=4
    def run(self):
        print(" 狗在飞快的跑 ")
# 通过类名访问类属性:
```

```
Dog.name=' 小白 '                        # 修改类属性
Dog.type=' 宠物狗 '                      # 添加类属性
print(Dog.name)
print(Dog.type)
```

运行结果：

```
小白
宠物狗
```

```
# 通过实例名访问类属性：
dog=Dog()
print(dog.age)
print(dog.type)
```

测试结果：

```
4
宠物狗
```

6.3.3 实例属性

实例属性是属于实例对象的属性，通常在 __init__() 方法中定义，这样可以在创建实例时初始化该属性。实例属性只能通过实例名访问，如果通过类名访问，则会抛出异常。

【例 6-3】 定义一个正方形的类，该类有一个实例属性边长 a，定义两个方法，分别计算正方形的周长和面积。代码如下：

```
# 定义类：
class Square():
    def __init__(self,a):
        self.a=a
    def area(self):
        return self.a*self.a
    def perimeter(self):
        return self.a*4
# 测试类：
s=Square(6)
print(" 正方形的边长：",s.a)
print(" 正方形的面积：",s.area())
print(" 正方形的周长：",s.perimeter())
print('————————————————————————————————————')
s.a=8                                    # 修改实例属性
print(" 正方形的边长：",s.a)
print(" 正方形的面积：",s.area())
```

```
print(" 正方形的周长：",s.perimeter())
```

运行结果：

正方形的边长： 6

正方形的面积： 36

正方形的周长： 24

——————————————————————————————————

正方形的边长： 8

正方形的面积： 64

正方形的周长： 32

6.4　方　　法

在面向对象的程序设计中，方法主要包含实例方法、静态方法、类方法、构造方法以及析构方法，下面分别进行介绍。

6.4.1　实例方法

在类中定义的方法默认为实例方法，用于操作实例的属性和行为，第一个参数是 self，一般通过"实例名 . 方法名"访问。

【例 6-4】　实例方法使用示例。代码如下：

```
# 定义类：
class Student():
    age=20
    avg_height=1.65
    def work(self):        # 实例方法
        print(' 努力学习 ')
# 测试类：
s1=Student()
s1.work()                  # 实例名 . 方法名
```

运行结果：

努力学习

6.4.2　静态方法

如果在类中存在一个方法，既不需要访问类属性和实例属性，也不需要访问类方法和实例方法，就可以将其封装为静态方法。静态方法前面需要添加"@staticmethod"，静态方法不需要 self 参数，形式上和普通函数一样。

一个类的所有实例对象共享静态方法，使用静态方法时，既可以通过"对象名 . 静态方法名"来访问，也可以通过"类名 . 静态方法名"来访问。

【例6-5】 静态方法应用实例。代码如下：

```
# 定义类:
class Student():
    age=20
    avg_height=1.65
    def work(self):                # 实例方法
        print(' 努力学习 ')
    @staticmethod
    def add(x,y):                  # 静态方法
        return x+y
# 测试类:
s2=Student()
print(s2.add(3,4))                 # 实例名 . 静态方法名
print(Student.add(5,6))            # 类名 . 静态方法名
```
运行结果：
```
7
11
```

6.4.3　类方法

类方法只与类操作有关，与具体的实例无关。类方法前面添加"@classmethod"，第一个形式参数是 cls，即类对象本身。类方法可以用"类名 . 方法名"访问，也可以通过"实例名 . 方法名"访问。

【例6-6】 类方法应用实例。代码如下：

```
# 定义类:
class Student():
    age=20
    avg_height=1.65
    def work(self):                # 实例方法
        print(' 努力学习 ')
    @staticmethod
    def add(x,y):                  # 静态方法
        return x+y
    @classmethod
    def modify_height(cls,height): # 类方法
        cls.avg_height+=height
```

```
        return cls.avg_height
# 通过实例名访问类方法:
s3=Student()
print(s3.modify_height(+0.05))          # 实例名 . 类方法名
```

运行结果:

```
1.7
# 通过类名访问类方法:
print(Student.modify_height(+0.07))     # 类名 . 类方法名
```

运行结果:

```
1.72
```

6.4.4　构造方法

构造方法就是指 __init__ 方法,需要注意的是,它是以两个下画线开头,两个下画线结尾。当创建类的实例时,系统会自动调用构造方法,从而实现对类的初始化操作。

【例 6-7】　构造方法应用实例。代码如下:

```
# 定义类:
class Student():
    age=20
    avg_height=1.65
    def __init__(self,name,gender):       # 构造方法
        self.name=name
        self.gender=gender
    def work(self):                        # 实例方法
        print(' 努力学习 ')
    @staticmethod
    def add(x,y):                          # 静态方法
        return x+y
    @classmethod
    def modify_height(cls,height):         # 类方法
        cls.avg_height+=height
        return cls.avg_height
# 测试类:
s4=Student(' 张三 ',' 男 ')
print(s4.name)
print(s4.gender)
```

运行结果:

```
张三
男
```

6.4.5　析构方法

在 Python 中，析构方法是一个特殊的方法，它会在对象被销毁时自动调用。这个方法的定义是通过在类中定义一个名为 __del__ 的方法来实现的。析构方法主要用于释放对象所占用的资源。

【例 6-8】　析构函数应用示例。代码如下：

```
# 定义类：
class Student():
    age=20
    avg_height=1.65
    def __init__(self,name,gender):      # 构造方法
        self.name=name
        self.gender=gender
    def work(self):                       # 实例方法
        print(' 努力学习 ')
    @staticmethod
    def add(x,y):                         # 静态方法
        return x+y
    @classmethod
    def modify_height(cls,height):        # 类方法
        cls.avg_height+=height
        return cls.avg_height
    def __del__(self):                    # 析构方法
        print(' 释放内存资源 ')
# 测试类：
s5=Student(' 李笑 ',' 女 ')
```

运行结果：
```
释放内存资源
```

6.5　继　　承

继承是面向对象程序设计中的三大特性之一，它可以减少代码的冗余，提高代码的复用性。本小节重点介绍面向对象程序设计中继承的使用。

6.5.1　继承的概念和语法

继承的基本思想是在一个类的基础上创建出一个新的类，这个新的类不仅可以继承原来类的属性和方法，还可以增加新的属性和方法。原来的类被称为父类，新的类被称为子类。

在 Python 中，可以在类定义语句中，类名右侧使用一对小括号将要继承的父类名称括起来，从而实现类的继承。具体的语法格式如下：

```
class Sub(Base):
    statement
```

- Sub：子类的名字。
- Base：父类的名字，可以有多个，类名之间用逗号 "," 分隔。
- statement：类体，主要由方法和属性等定义语句组成。如果没有具体功能，也可以用 pass 语句代替。

【例 6-9】 定义 Person 类、Teacher 类、Work 类，实现继承关系。代码如下：

```
# 定义类：
class Person:
    def __init__(self,name,age,salary):
        self.name=name
        self.age=age
        self.salary=salary


class Teacher(Person):              # 子类一
    def __init__(self,name,age,salary,subject):
        Person.__init__(self,name,age,salary)
        self.subject=subject
        print(" 我的名字是 :",name)
        print(" 我的年龄是 :",age)
        print(" 我的工资是 :",salary)
        print(" 我教的科目是 :",subject)


class Work(Person):                 # 子类二
    def __init__(self,name,age,salary,job):
        Person.__init__(self,name,age,salary)
        self.job=job
        print(" 我的名字是 :",name)
        print(" 我的年龄是 :",age)
        print(" 我的工资是 :",salary)
        print(" 我从事的岗位是：",job)
# 测试类：
p1=Teacher(' 李四 ','30','5500',' 数学 ')
print('————————————')
p2=Work(' 张三 ','32','7000',' 销售 ')
```

运行结果：

我的名字是 : 李四

我的年龄是 : 30

我的工资是 : 5500

我教的科目是：数学

———————————

我的名字是 : 张三

我的年龄是 : 32

我的工资是 : 7000

我从事的岗位是：销售

6.5.2　super 函数

如果父类的名字修改，那么继承它的子类都要修改，当多个子类继承同一个父类时，修改起来相当麻烦，引入 super() 函数，可以解决此问题。

【例 6-10】　super 函数应用示例。代码如下：

```python
# 定义类:
class Person:
    def __init__(self,name,age,salary):
        self.name=name
        self.age=age
        self.salary=salary


class Teacher(Person):
    def __init__(self,name,age,salary,subject):
        super().__init__(name,age,salary)          #super() 函数代替父类名字
        self.subject=subject
        print(" 我的名字是 :",name)
        print(" 我的年龄是 :",age)
        print(" 我的工资是 :",salary)
        print(" 我教的科目是 :",subject)


class Work(Person):
    def __init__(self,name,age,salary,job):
        super().__init__(name,age,salary)
        self.job=job
        print(" 我的名字是 :",name)
        print(" 我的年龄是 :",age)
        print(" 我的工资是 :",salary)
        print(" 我从事的岗位是：",job)
# 测试类:
p3=Teacher(' 小红 ','28','7000',' 数学 ')
```

```
print('——————————————')
p4=Work(' 小明 ','30','6000',' 销售 ')
```

运行结果：

我的名字是 : 小红

我的年龄是 : 28

我的工资是 : 7000

我教的科目是：数学

——————————————

我的名字是 : 小明

我的年龄是 : 30

我的工资是 : 6000

我从事的岗位是：销售

6.5.3　方法重写

方法重写是指在子类中重新定义父类的方法，子类可根据需求对父类中的方法进行扩展或者修改。如果在子类中需要调用父类的方法可以用 super() 函数。

【例 6-11】　方法重写应用示例。代码如下：

```
# 定义类:
class Person:
    def __init__(self,name,age,salary):
        self.name=name
        self.age=age
        self.salary=salary
    def think(self):              # 父类方法
        print('thinking')


class Teacher(Person):
    def __init__(self,name,age,salary,subject):
        Person.__init__(self,name,age,salary)
        self.subject=subject
    def think(self):              # 重写父类方法
        super().think()
        print('teacher is thinking')


class Worker(Person):
    def __init__(self,name,age,salary,job):
        Person.__init__(self,name,age,salary)
        self.job=job
    def think(self):              # 重写父类方法
```

```
        super().think()
        print('worker is thinking')
# 测试类:
P5=Teacher(' 王二小 ','32','5000',' 数学 ')
P5.think()
print('————————————')
p6=Worker(' 王五 ','34','6000',' 销售 ')
p6.think()
```

运行结果:

```
thinking
teacher is thinking
————————————

thinking
worker is thinking
```

6.6   综 合 案 例

【例 6-12】 定义一个人 (Person) 的类,定义一个员工 (Emp) 类,Emp 类继承 Person 类;定义一个主管 (Admin) 类,Admin 类继承 Emp 类。其中,Person 类的属性有姓名和年龄,Emp 类的属性有工号、工资,Admin 类的属性有级别。在 Emp 类和 Admin 类定义一个方法 Add 用于增加工资,普通员工一次加 10%,主管一次加 20%,最后进行测试。代码如下:

```
# 定义类:
class Person():
    def __init__(self,name,age):
        self.name=name
        self.age=age

class Emp(Person):
    def __init__(self,name,age,id,salary):
        super().__init__(name,age)
        self.id=id
        self.salary=salary
    def add(self):
        print(" 这是普通员工涨工资 ")
        self.salary=self.salary*1.1
        print(" 普通员工涨工资为: ",self.salary)
```

```
class Admin(Emp):
    def __init__(self,name,age,id,salary,level):
        super().__init__(name,age,id,salary)
        self.level=level
    def add(self):
        print(" 这是主管涨工资 ")
        self.salary=self.salary*1.2
        print(" 主管涨工资为： ",self.salary)
# 测试类：
emp=Emp(' 张三 ',32,'1221',7500)
emp.add()
print('-------------------')
admin=Admin(' 李四 ',42,'1101',9000,' 主管 ')
admin.add()
```

运行结果：

```
这是普通员工涨工资
普通员工涨工资为： 8250.0
-------------------
这是主管涨工资
主管涨工资为： 10800.0
```

习　　题

一、选择题

(1) 在 Python 中，可以使用 (　　) 关键字来定义一个类。

A. class　　　　　　　　　　　　B. def

C. object　　　　　　　　　　　　D. instance

(2) 下列 (　　) 选项中的说法是正确的。

A. 类是对象的实例化　　　　　　　B. 对象是类的实例化

C. 类和对象是完全不同的概念　　　D. 类和对象是一样的东西

(3) 在 Python 中，可以使用 (　　) 方法来初始化一个类的实例。

A. __init__()　　　　　　　　　　B. __new__()

C. __create__()　　　　　　　　　D. __start__()

(4) Python 类中包含一个特殊的变量 (　　)，它表示当前对象本身，可以访问类的成员。

A. self　　　　　　　　　　　　　B. me

C. this　　　　　　　　　　　　　D. 与类同名

(5) 构造函数的作用是 (　　)。

A. 一般成员方法　　　　　　　　　B. 类的初始化

C. 对象的初始化   D. 对象的建立

(6) 关于面向对象的继承，以下选项中描述正确的是 (   )。

A. 继承是指一组对象所具有的相似性质

B. 继承是指类之间共享属性和操作的机制

C. 继承是指各对象之间的共同性质

D. 继承是指一个对象具有另一个对象的性质

二、填空题

(1) 面向对象的 3 个最主要的特点是 _____、_____、_____。

(2) 定义类时，在一个方法前面使用 _____ 进行修饰，则该方法属于类方法。

(3) 在现有类基础上构建新类，新的类称作 _____，现有的类称作 _____。

(4) 定义类时，在一个方法前面使用 _____ 进行修饰，则该方法属于静态方法。

三、综合题

(1) 创建一个类，计算圆的周长、面积，结果保留两位小数。若输入的是非数字，则提示用户输错，请重新输入。

(2) 学校成员类具有成员的姓名和人数。教师类继承学校成员类，具有工资属性。学生类继承学校成员类，具有成绩属性。要求：创建教师或学生对象时，总人数加 1；对象减少，则总人数减 1。

(3) 编写学生和教师数据的输入和显示程序。设计 Person 作为一个基类，学生类和教师类继承基类。Person 类的属性有编号和姓名，学生类的属性有成绩和班级，教师类的属性有职称和部门，最后进行测试。

第 7 章　Python 的文件操作

文件操作是 Python 编程语言中非常重要的部分。文件是存储和传输数据的一种常见方式，Python 文件是一个用于存储数据的实体，它可以被程序读取、写入或修改。当程序运行时，变量、序列、对象等的数据暂存在内存之中，当程序终止时，暂存的数据就会丢失。为了能永久地保存程序的相关数据，就需要将它们存储到磁盘或光盘等存储介质中。

数据在操作系统中是以文件形式存在的。按数据的组织形式，可以把文件分为文本文件和二进制文件两大类。

7.1　文件类型

7.1.1　文本文件

文本是书面语言的表现形式，从文字角度说，通常是具有完整、系统含义的一个句子或多个句子的组合。一个文本可以是一个句子、一个段落或者一个篇章。

文本文件存储的是由常规字符串组成的文本行，每行以换行符结尾，"记事本"等文本编辑器能正常显示和编辑此类文件。在 Windows 平台中，扩展名为 txt、log、int、CSV 的文件都属于文本文件。

7.1.2　二进制文件

二进制文件通常包括图形图像文件、音视频文件、可执行文件、资源文件、数据库文件等。二进制文件把信息以字节串 (bytes) 的形式进行存储，一般无法用"记事本"或其他文字处理软件直接进行编辑和阅读，需要使用对应的软件 (如 HexEditor 等) 才能进行操作。计算机可以直接执行二进制文件。

7.2　文本文件的编码

文本文件的编码，指将字符 (如字母、数字、标点符号等) 转化为计算机可以存储和处理的二进制数据的一种方式。不同的编码方式会导致文件大小和兼容性等方面的差异。

常见的文本文件编码方式有以下几种：

(1) ASCII 编码：这是最早的一种字符编码方式，它使用 7 位或 8 位二进制数组合来表示 128 或 256 种可能的字符。但 ASCII 编码主要支持英文和西欧语言，对于中文等复杂字符集的支持有限。

(2) Unicode 编码：为了解决 ASCII 编码不能表示世界上所有文字的问题，Unicode 编码被设计出来。Unicode 为每种语言中的每个字符设定了统一并且唯一的二进制编码，以满足跨语言、跨平台进行文本转换、处理的要求。Unicode 编码有多种实现方式，如 UTF-8、UTF-16、UTF-32 等。

(3) UTF-8 编码：使用可变长度的字节来表示字符。英文字符通常使用 1 个字节，而中文字符可能需要 2~4 个字节。UTF-8 编码的兼容性非常好，被广泛用于互联网和多种编程环境。

(4) UTF-16 编码：使用固定长度的 16 位 (即 2 个字节) 来表示字符。但 UTF-16 编码有大小端之分，即字节的排列顺序可能不同。

(5) UTF-32 编码：使用固定长度的 32 位 (即 4 个字节) 来表示字符。这种方式虽然简单直接，但会导致文件大小显著增加，因此在实践中使用较少。

在实际开发中，如果需要处理多种语言的字符，并且希望编码方式具有更好的兼容性，一般选用 UTF-8 编码。一般在文件写入时采用什么样的编码方式，那么读取时就必须采用同样的解码方式，否则会出现乱码现象。

7.3   文件的打开和关闭

文件的基本操作包括文件的打开和关闭。无论是文本文件还是二进制文件，其操作流程基本是一致的：首先打开文件并创建文件对象，然后通过该文件对象对文件内容进行读取、写入、删除、修改等操作，最后关闭并保存文件内容。文件的打开和关闭分别是通过内置的 open() 函数和文件对象的 close() 方法来实现的。

7.3.1   打开文件

在 Python 中，使用 open() 函数可以打开文件，并返回一个文件对象。语法格式如下：

```
file_object = open(file_name, mode, encoding = "utf-8")
```

• file_name：指定要打开 (文件已存在) 或创建 (文件不存在) 的文件名称。如果该文件不在当前目录中，可以使用相对路径或绝对路径表达。

• mode：指打开文件后的处理模式，具体类型见表 7-1 所示。

• encoding：文件打开的解码方式，默认是 utf-8。

执行文件的打开，如以下代码：

```
txt1=open(r" 路径 \\ 文件名 .txt","r",encoding = "utf-8")
```

表 7-1　文件打开的常见模式

模　式	功　能　描　述
r	以只读方式打开文件，文件的指针将会放在文件的开头，这是默认模式
r+	用于读写，文件指针将会放在文件的开头
rb	以二进制格式打开一个文件用于只读，文件指针将会放在文件的开头，这是默认模式
rb+	以二进制格式打开一个文件用于读写，文件指针将会放在文件的开头
w	打开一个文件只用于写入，如果该文件已存在，则将其覆盖；如果该文件不存在，创建新文件
w+	打开一个文件用于读写，如果该文件已存在，则将其覆盖；如果该文件不存在，则创建新文件
wb	以二进制格式打开一个文件只用于写入，如果该文件已存在则将其覆盖；如果该文件不存在，创建新文件
wb+	以二进制格式打开一个文件用于读写，如果该文件已存在，则将其覆盖；如果该文件不存在，则创建新文件
a	打开一个文件用于追加，如果该文件已存在，那么新的内容将会被写入到已有内容之后；如果该文件不存在，创建新文件进行写入
a+	打开一个文件用于读写，如果该文件已存在，文件指针将会放在文件的结尾，文件打开时处于追加模式；如果该文件不存在，则创建新文件用于读写
ab	以二进制格式打开一个文件用于追加，若该文件已存在，文件指针将会放在文件的结尾，新的内容将被写入到已有内容之后；如果该文件不存在，创建新文件进行写入
ab+	以二进制格式打开一个文件用于追加，如果该文件已存在，则文件指针将会放在文件的结尾；如果该文件不存在，则创建新文件用于读写
t	文本模式，是默认模式，可省略
x	打开一个文件只用于写入，如果文件已经存在，则抛出异常

打开文件后，一般需要读取里面内容，可使用 read()、readline() 或 readlines() 方法来读取；最后，可使用 with 语句确保文件在使用完毕后正确关闭，如例 7-1 所示文件打开，读取并关闭。

【例 7-1】　读取文本文件，代码如下：

```
with open('textfile.txt', 'r',encoding ="utf-8") as file:
    content = file.read()              # 读取 txt 文件的所有内容
    print(content)
```

【例 7-2】　读取二进制文件，代码如下：

```
with open(r'C:\Users\data\Desktop\ 二进制文件 \\1.JPG', 'rb') as file:
    data = file.read()              # 读取二进制文件的字节内容
    print(data)
```

如果 open() 函数执行正常，则返回一个文件对象，后续可通过该文件对象对文件进行读写操作。如果指定文件不存在、访问权限不够、磁盘空间不够或其他原因导致创建文件对象失败，则抛出异常。

7.3.2　文件对象属性

文件对象是 Python 中用于文件操作的抽象接口，包含多个重要属性，常见属性如表 7-2 所示。

表 7-2　文件对象的常见属性

属　性	功　能
close()	把缓冲区的内容写入文件，同时关闭文件，并释放文件对象
read(size)	从文件中读取 size 个字节 (对于二进制模式) 或字符 (对于文本模式) 的内容作为结果返回，省略 size 表示读取所有内容
readline()	从文本文件中读取一行内容作为结果返回
readlines()	返回文件的每行文本作为一个字符串存入列表中，并返回该列表
seek(cookie,whence=0,/)	定位文件指针，把文件指针定位到 whence 的偏移量为 cookie 的位置，其中 whence 为 0 表示文件头，1 表示当前位置，2 表示文件尾。对于文本文件，whence = 2 时，cookie 必须为 0；对于二进制文件，whence = 2 时，cookie 可为负数；whence 不指定时，默认为 0
write(s)	把 s 内容写入文本文件，s 可以为字符串，也可以是字节串
writelines(s)	把列表 s 内的所有字符串写入文本文件，不需要添加换行符

7.3.3　关闭文件

在 Python 中，当完成对文件的操作后，为避免文件占用系统资源，可通过关闭文件来减少文件数据丢失等问题。以下是几种关闭文件的方法。

1. 使用 close() 方法

close() 方法是在特殊情况下，手动关闭文件。示例代码如下：

```
file = open(r" 路径 \\ 文件名 .txt", "r",encoding = "utf-8")      # 执行打开操作
file.close()                                                # 执行关闭操作
```

2. 使用 with 语句

with 语句是一种上下文管理器，当它的代码块执行完毕时，总能确保文件在使用完毕后被正确关闭，即使发生异常也能保证关闭，最大限度地避免文件资源的占用和泄露，确保文件安全。故一般把 with 加在原来的 open 语句上就能够实现自动管理资源。示例代码如下：

```
file_path = r' 路径 \\ 文件名 .txt'
with open(file_path, 'r',encoding = "utf-8") as file:
    file_content = file.read()                              # 读取文件内容
    print(file_content)
    # 文件在这里已经被自动关闭
```

　　在使用 with 语句时，虽然没有加异常处理语句，但当程序运行中出现异常时，其他程序不会中断执行。因此，with 语句除了用于文件操作，还常用于数据库连接、网络通信连接、多线程与多进程同步时的锁对象管理等应用场景。

3. 使用 try...finally 语句

　　在文件读写过程中，可能会出现异常，例如，碰到文件不存在或权限错误等问题时就会抛出异常，因此，在操作文件时，可以使用异常处理来关闭文件，从而增强程序的健壮性。如以下代码：

```
file_path = r'C:\Users\data\Desktop\\ 对青年的寄语 .txt'
file = open(file_path, 'r',encoding="utf-8")
try:
    file_content = file.read()
    print(file_content)
finally:
    file.close()
```

　　无论是否发生异常，finally 语句块中的代码都会被执行。因此，可以在 finally 语句块中关闭文件。

7.4　文件的读写操作

　　文件的读写是 Python 文件的一种常见操作，它指的是请求操作系统打开一个文件对象，然后通过操作系统提供的接口从这个文件对象中读取文件数据，或者向文件写入相关数据。

7.4.1　文件定位

　　在文件读写中，需要移动文件指针的位置时，可以使用 seek() 方法。语法格式如下：

```
seek( 字节数 [ 参考位置 ])
```

　　其含义是按照“参考位置”(0 表示文件的开头，1 表示当前的位置，2 表示文件的末尾)，将当前文件指针位置移动指定“字节数”。示例代码所示：

```
with open(" 文本 .txt","w+",encoding="utf-8")as f:    # 写入文本 .txt 文件
    f.write(" 青年是祖国的未来、民族的希望。")
    f.seek(0)                              # 重置指针到文件的开头
    part1 = f.read(5)                      # 第一次读取第 5 个字符
    print(" 第一次读取：", part1)
    f.seek(3,0)                            # 移动指针到第 2 个字符
    part2 = f.read(6)
    print(" 第二次读取：", part2)
```

输出结果为：

第一次读取：青年是祖国

第二次读取：年是祖国的未

7.4.2 向文件写入数据

1. 单行写入

向文件对象写入单行数据，其语法格式如下：

文件对象 .write(字符串 , encoding="utf-8")

可将任何字符串（包括二进制数据）写入一个打开的文件。该方法不在字符串的结尾添加换行符 ("\n")。如以下代码所示：

```
with open(r'C:\Users\data\Desktop\\ 文件 1.txt',"w",encoding = "utf8") as file:
    file.write(" 这是我写入的单行文件 ")
```

当指定路径中不存在 "文件 1.txt1"，就会在该路径内新建一个文件 "文件 1.txt"。

2. 多行写入

向文件对象写入多行数据，其语法格式如下：

文件对象 .writelines(序列)

把序列的多行内容一次性写入文件，不会在每行后面加上任何内容。如以下代码所示：

```
lines = ["Hello, this is line 1\n","This is line 2\n","And this is line 3\n"]
with open(r'C:\Users\data\Desktop\\ 文件 2.txt',"w",encoding = "utf8") as file:
    file.writelines(lines)
```

7.4.3 读取文件数据

读取文件数据，有以下几种方式：

1. 使用 read( ) 方法读取整个文件的数据

文件对象 .read(个数)：在一个打开的文件中从开头读取指定数量的字符或者字节数据，参数是要从已打开文件中读取的字符数（对于文本模式）或字节数（对于二进制模式）。如果没有 "个数" 参数，会尝试尽可能地读取内容，直到文件的末尾。

在读取文件时，先用向文件写入数据的方法，把 "这是一个测试文件：Hello, this is line 1.This is line 2.And this is line 3." 内容写入指定路径的测试文件 1.txt 中，再使用 read( ) 方法读取整个文件的数据。代码如下：

```
with open(r'C:\Users\data\Desktop\\ 测试文件 1.txt',"r",encoding = "utf-8") as file:
    content = file.read()          # 读取整个文件内容
    print(content)
```

输出结果为：

这是一个测试文件：

Hello, this is line 1.

This is line 2.

And this is line 3.

2. 使用 readline( ) 方法逐行读取文件内的数据

文件对象 .readline(个数)：从当前文件指针位置开始读取一行数据，直到遇到换行符 (\n) 或文件末尾。如果返回一个空字符串，说明已经读取到最后一行。如果包括"个数"参数，则读取一行中指定个数的字节或字符。

readline 逐行读取文件，每次调用返回文件中的一行，适用于处理大型文件，减少内存占用。代码如下：

```
with open(r'C:\Users\data\Desktop\\ 测试文件 1.txt',"r",encoding = "utf8") as file:
    line = file.readline()
    while line:
        print(line)
        line = file.readline()
```

输出结果为：

这是一个测试文件：

Hello, this is line 1.

This is line 2.

And this is line 3.

3. 使用 readlines( ) 方法将文件内的所有行读取到一个列表中

文件对象 .readlines(索引)：如果不指定索引，将返回该文件包含的所有行，并把文件每一行作为列表的一个成员，返回列表。如果提供"索引"参数，表示读取指定索引行的内容，并返回一个包含指定行的列表。

readlines 方法用于读取文件的所有行，并将每一行作为一个字符串存储在列表 lines 中。每个列表元素对应文件中的一行文本。可以使用列表索引来访问特定行，如 lines[0] 表示文件的第一行。代码如下：

```
with open(r'C:\Users\data\Desktop\\ 测试文件 1.txt',"r",encoding = "utf8") as file:
    lines = file.readlines()
    print(lines)                    # 输出所有行
    print(lines[0])                 # 输出索引为 0 的行
    print(lines[2])                 # 输出索引为 2 的行
```

输出结果为：

[' 这是一个测试文件：\n', 'Hello, this is line 1.\n', 'This is line 2.\n', 'And this is line 3.\n']

这是一个测试文件：

This is line 2.

4. 二进制文件和序列化操作

对于二进制文件，需要进行序列化处理。序列化处理就是把内存中的数据 (包括其类型信息) 转换为二进制形式的过程，同时确保数据在转换过程中不丢失任何信息。序列化后的数据经过正确的反序列化过程应该能够被准确无误地恢复为原来的对象。Python 中常用的序列化模块有 struct、pickle、shelve 和 marshal，下面以 pickle 模块为例介绍二进制文件的读写操作。

pickle 模块实现了基本的数据序列化和反序列化。通过 pickle 模块的序列化操作能够将程序中运行的对象信息永久保存到文件中。通过 pickle 模块的反序列化操作，能够从文件中创建上一次程序保存的对象。代码如下：

```python
import pickle
from pprint import pprint                          # 导入 pprint 模块的 pprint 函数用于格式化打印
data = {
    "students": [" 李四 ", " 王五 "],
    "scores": {" 数学 ": 90, " 英语 ": 85}
}
with open('school_data.pkl', 'wb') as f:
    pickle.dump(data, f)                            # 将 data 对象转换为字节流，写入文件
with open('school_data.pkl', 'rb') as f:
    loaded = pickle.load(f)                         # 从文件中读取序列化数据并还原为 Python 对象
print(" 原数据与加载数据是否一致： ", data == loaded)   # 验证数据一致性
pprint(loaded)
```

输出结果为：

```
原数据与加载数据是否一致： True
{'scores': {' 数学 ': 90, ' 英语 ': 85}, 'students': [' 李四 ', ' 王五 ']}
```

7.5　文件 (文件夹) 操作

Python 对文件或文件夹操作时经常要用到 os 模块、os.path 模块和 shutil 模块。

7.5.1　创建文件夹

在 Python 中，os.makedirs() 是 os 模块提供的一个方法，用于递归创建文件夹，与 os.mkdir() 的主要区别在于它能自动创建路径中所有不存在的中间文件夹。而 os.mkdir() 则用于创建单个文件夹，并且只能创建单层文件夹，不能自动创建父文件夹。如以下代码所示：

```python
import os
folder_name = "my_new_folder"                  # 在当前文件夹创建新文件夹
os.mkdir(folder_name)                          # 单个文件夹
print(f" 已创建文件夹 : {folder_name}")
nested_folder = "parent/child/grandchild"      # 创建多级文件夹
os.makedirs(nested_folder)
print(f" 已创建多级文件夹 : {nested_folder}")
```

输出结果为：

```
已创建文件夹 : my_new_folder
已创建多级文件夹 : parent/child/grandchild
```

7.5.2　列出文件夹内容

os.listdir() 是 Python 中用于列出指定文件夹下所有文件和子文件夹的方法，返回一个包含条目名称的列表。如以下代码所示：

```
import os
contents = os.listdir( )              # 等效于 os.listdir(".")
print(" 当前文件夹内容 :")
for item in contents:
    print(f" - {item}")
for item in os.listdir( ):
    print(f" - {item}")
```

此时当前路径下的所有文件夹全部都被一一列出。

7.5.3　处理文件夹已存在的情况

使用 os.mkdir( ) 创建文件夹时，只有在当前目录下该文件名不存在时，文件才能成功创建，否则就会创建文件失败。如以下代码所示：

```
import os
def safe_mkdir(path):
    try:
        os.mkdir(path)
        print(f" 文件创建成功 : {path}")
        return True
    except FileExistsError:
        print(f" 文件已存在 : {path}")
        return False
    except PermissionError:
        print(f" 权限不足 : {path}")
        return False
    except OSError as e:
        print(f" 创建失败 : {e}")
        return False
safe_mkdir("data")
```

当首次运行上面代码时，在该路径下，data 这个文件夹不存在，所以 data 文件创建成功；当再次运行时，会提示"文件已存在"。

7.6 CSV 文件和 Excel 文件操作

CSV(Comma-Separated Values) 是纯文本格式，使用 Python 标准库 csv 模块操作；Excel 文件 (.xlsx) 是二进制格式，使用 Python 第三方库 openpyxl 模块操作。

7.6.1 CSV 文件操作

CSV 文件以纯文本形式存储表格数据，行之间以换行符分隔，每行由列 (又称 "字段") 组成，通常所有记录具有完全相同的列序列，列间常用逗号或制表符进行分隔。CSV 文件操作常见的关键参数和方法如表 7-3 所示。

表 7-3 CSV 文件操作常见的关键参数和方法

参数/方法	功　　能
newline=''	避免写入时产生空行 (Windows 系统必需)
encoding='utf-8'	指定文件编码 (处理中文必需)
writerow()	写入单行数据 (接受列表参数)
writerows()	写入多行数据 (接受嵌套列表参数)
enumerate()	为每行添加行号 (从 1 开始计数)

1. CSV 文件写入

首先，使用 "writer(文件名)" 方法，返回 CSV 文件对象，然后通过该对象将 CSV 数据转换为带分隔符的字符串并保存到文件中。如以下代码所示：

```python
import csv
with open('data.csv', 'w', newline='', encoding='utf-8') as f:
    writer = csv.writer(f)
    writer.writerow([' 姓名 ', ' 年龄 ', ' 城市 '])        # 写入表头
    writer.writerows([
        [' 张三 ', 25, ' 黔东南 '],
        [' 李四 ', 30, ' 黔南 ']
    ])
```

运行程序后，打开文件，内容如图 7-1 所示。

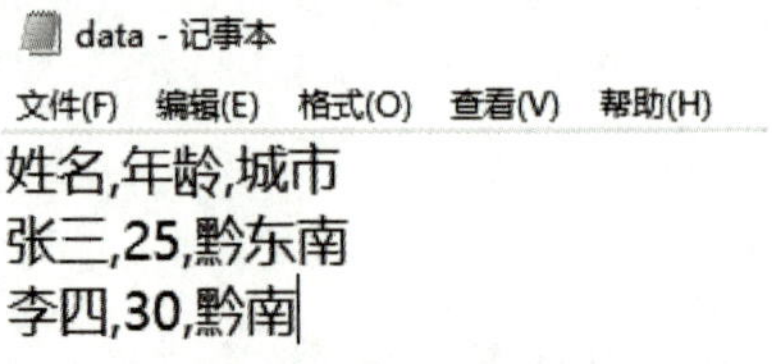

图 7-1 写入 CSV 文件的内容

2. 读取 CSV 文件

首先，使用"reader(文件名)"方法，返回 CSV 文件对象，然后逐行读取 CSV 文件。如以下代码所示：

```
with open('data.csv', 'r', encoding='utf-8') as f:
    reader = csv.reader(f)
    for row in reader:
        print(row)
```

输出结果为：

```
姓名 , 年龄 , 城市
张三 ,25, 黔东南
李四 ,30, 黔南
```

【例 7-3】　读取 CSV 文件时，为每行添加行号。代码如下：

```
import csv
with open('data.csv', 'r', encoding='utf-8') as f:
    reader = csv.reader(f)
    header = next(reader)                              # 读取表头
    for record_num, row in enumerate(reader, 1):
        print(f" 行数为 {record_num}: {row}")
        if record_num == 5:                            # 只显示前 5 条
            break
```

输出结果为：

```
行数为 1: [' 张三 ', '25', ' 黔东南 ']
行数为 2: [' 李四 ', '30', ' 黔南 ']
```

【例 7-4】　CSV 文件操作综合案例。

编写一个 Python 程序，模拟生成某超市连续 90 天试营业期间的营业额数据，并写入 CSV 文件。文件包含日期和营业额两列，第一天基数是 300 元，每天增加 6 元，另外每天再随机增加 3 ～ 60 元。然后读取并显示生成的文件内容。

代码如下：

```
from csv import writer, reader
from random import randint
from datetime import date, timedelta
filename = 'restaurant_sales.csv'
# 生成并写入数据
with open(filename, 'w', newline='', encoding='utf-8') as csvfile:
    csv_writer = writer(csvfile)
    csv_writer.writerow([' 日期 ', ' 营业额 ( 元 )'])    # 写入表头
    current_date = date(2025, 1, 1)                    # 初始化日期和基础营业额
    base_sales = 300
```

```
    for day in range(91):                              # 生成 90 天数据
        daily_increment = 6 * day                      # 计算当日营业额
        random_bonus = randint(3, 60)
        total_sales = base_sales + daily_increment + random_bonus
        # 写入 CSV 行 ( 日期格式化为 "YYYY-MM-DD" )
        csv_writer.writerow([
            current_date.strftime('%Y-%m-%d'),
            total_sales
        ])
        current_date += timedelta(days=1)              # 更新到下一天
# 读取并验证数据
print("\n 生成文件内容验证：")
with open(filename, 'r', encoding='utf-8') as csvfile:
    csv_reader = reader(csvfile)
    # 跳过表头 ( 可选 )
    headers = next(csv_reader)
    print(f" 表头 : {headers}")
    # 打印前 10 条数据示例和最后 1 条
    for i, row in enumerate(csv_reader):
        if i <10:                                      # 显示前 10 条数据
            print(f" 第 {i + 1} 天 : 日期 ={row[0]}, 营业额 ={row[1]} 元 ")
        if i == 90:                                    # 显示最后一条
            print(f"\n 成功生成 90 天数据，最后一条： ")
            print(f" 第 90 天 : 日期 ={row[0]}, 营业额 ={row[1]} 元 ")
```

输出结果为：

```
表头 : [' 日期 ', ' 营业额 ( 元 )']
第 1 天 : 日期 =2025-01-01, 营业额 =335 元
第 2 天 : 日期 =2025-01-02, 营业额 =365 元
第 3 天 : 日期 =2025-01-03, 营业额 =322 元
第 4 天 : 日期 =2025-01-04, 营业额 =368 元
第 5 天 : 日期 =2025-01-05, 营业额 =340 元
第 6 天 : 日期 =2025-01-06, 营业额 =347 元
第 7 天 : 日期 =2025-01-07, 营业额 =354 元
第 8 天 : 日期 =2025-01-08, 营业额 =402 元
第 9 天 : 日期 =2025-01-09, 营业额 =366 元
第 10 天 : 日期 =2025-01-10, 营业额 =392 元


成功生成 90 天数据，最后一条：
第 90 天 : 日期 =2025-04-01, 营业额 =855 元
```

7.6.2　Excel 文件操作

Excel 软件具备强大且完善的电子表格处理与计算功能，能够在表格特定的单元格中定义公式，对其中的数据进行批量运算处理。Python 中提供多种用于操作 Excel 的库，其中被广泛使用的是开源项目第三方库 openpyxl。该库不仅能够实现对 Excel 文档的读取和修改操作，还可以对 Excel 文件内的单元格进行详细设置。

1. Excel 文件的核心组成

Excel 文件的核心组成包括工作簿、工作表、单元格、地址。

(1) 工作簿：使用 Excel 创建的文件被称为工作簿（文件后缀为 .xls 或 .xlsx），它由一个或多个工作表组成。当启动 Excel 软件时，系统会自动打开一个工作簿，同时默认打开一个工作表。

(2) 工作表：工作表一般指的是电子表格。当新建一个工作簿时，系统会默认创建 1 个工作表，名称为 Sheet1。工作表由许多横向和纵向的网格构成，这些网格被称为单元格。横向的称为行，每行用一个数字进行标识，单击行号可以选取整行的单元格；纵向的称为列，每列用一个字母来标识，单击列标可以选取整列的单元格。

(3) 单元格：单元格是工作表的最小组成单位，通过地址来进行标识和引用。

(4) 地址：单元格的地址用它所在的行号和列标确定的坐标来表示，能够唯一地标识或引用当前工作表中的任意一个单元格。书写时，列标在前、行号在后，例如 A6 就表示该单元格位于第 A 列的第 6 行。

2. openpyxl 库的对象

针对 Excel 基本组件，openpyxl 库提供了 Workbook、Worksheet 和 Cell 这 3 个重要的对象。

(1) Workbook：对应 Excel 的工作簿，即一个包含多个工作表的 Excel 文件。

(2) Worksheet：对应 Excel 的工作表，一个 Workbook 对象中可以包含多个 Worksheet。

(3) Cell：对应 Excel 的单元格，用于存储具体的数据。

3. openpyxl 库操作 Excel 的一般流程

使用 openpyxl 库操作 Excel 的一般流程如下：

(1) 导入 openpyxl 库。格式如下：

```
import openpyxl
```

如果需要导入库中具体的功能类，可以使用以下语句：

```
from openpyxl import 类名
```

(2) 获取 Workbook（工作簿）对象。

通过调用 openpyxl.load_workbook() 函数获取 Workbook 对象，示例代码如下：

```
book = openpyxl.load_workbook('/netshop.xlsx')
```

其中，参数为要打开操作的 Excel 文件名（含路径），这里是相对路径，也可以用绝对路径，如果路径中包含中文字符，前面需要加 "r" 进行转译字符，示例代码如下：

```
book = openpyxl.load_workbook(r"d:\MyPython\ 数据文件 \netshop.xlsx")
```

也可以使用 openpyxl.Workbook() 创建一个新的工作簿，示例代码如下：

```
book = openpyxl.Workbook()
```

(3) 获取 Worksheet(工作表) 对象。

通过调用 get_active_sheet() 或 get_sheet_by_name() 函数获取 Worksheet 对象，示例代码如下：

```
sheet = book.get_sheet_by_name(' 订单表 ')
```

更简单地，还可以直接以工作簿对象引用表名得到工作表，示例代码如下：

```
sheet = book[' 订单表 ']
```

(4) 读取 / 编辑 Cell(单元格) 数据。

使用索引或工作表的 cell() 函数，带上行和列参数，获取 Cell 对象，然后读取或编辑 Cell 对象的 value 属性。示例代码如下：

```
ucode = sheet['A2'].value
ucode = sheet.cell(row=2, column=1).value
```

(5) 保存 Excel。

直接调用工作簿的 save() 函数即可保存修改过的 Excel 文档，示例代码如下：

```
book.save('netshop.xlsx')
```

【例 7-5】 Excel 文件的创建与读取。

新建一个文件名为学生信息表的 Excel 文件，分别在 A 列第一行和 B 列第一行写入学生姓名和学生成绩并读取相关信息。

Excel 文件的创建代码如下：

```
from openpyxl import Workbook
wb = Workbook()                      # 新建工作簿
ws = wb.active                       # 获取活动工作表
ws['A1'] = " 学生姓名 "
ws['B1'] = " 学生成绩 "
data = [(" 张三 ", 88), (" 李四 ", 60), (" 王五 ", 50),(" 赵六 ",70),(" 周七 ",77),(" 钱八 ",90)]
for row in data:
    ws.append(row)                   # 按行追加数据
wb.save(" 学生信息表 .xlsx")           # 在当前路径保存文件
```

Excel 文件的读取代码如下：

```
from openpyxl import load_workbook
wb = load_workbook(" 学生信息表 .xlsx")
ws = wb.active
# 读取 A 列所有数据
for cell in ws["A"]:
    if cell.value:                   # 跳过空单元格
        print(cell.value)
max_row = ws.max_row                 # 获取最大行号
print(f" 总记录数 : {max_row - 1}")    # 减去表头行
```

7.7　文件操作的综合应用

【综合案例 1】　合并两个 txt 文本文件的内容。

需求：将两个文件的多行内容交替写入新的文件中，如果其中一个文件行数较少，则把另外一个文件剩余的行数内容继续写入新文件的尾部。

代码如下：

```
def mergeTxt(txt_f):
    with open(r'C:\Users\data\Desktop\\result22.txt', 'w',encoding = "utf-8") as fp:
        with open(txt_f[0],encoding="utf8") as fp1, open(txt_f[1],encoding = "utf-8") as fp2:
            while True:
                # 交替读取文件 1 和文件 2 中的行，写入结果文件
                line1 = fp1.readline()
                if line1:
                    fp.write(line1)
                else:                     # 如果文件 1 结束，结束循环
                    flag = False
                    break
                line2 = fp2.readline()
                if line2:
                    fp.write(line2)
                else:                     # 如果文件 2 结束，结束循环
                    flag = True
                    break
            fp3 = fp1 if flag else fp2    # 获取尚未结束的文件对象
            for line in fp3:              # 把剩余内容写入结果文件
                fp.write(line)
# 提前写入 1.txt 和 2.txt，用于交叉读取合并
txt_f = [r'C:\Users\data\Desktop\\1.txt', r'C:\Users\data\Desktop\\2.txt']
mergeTxt(txt_f)
```

【综合案例 2】　商品分类和用户账号管理。

需求：创建包含商品分类 (类别编号和名称) 的文本文件。内容如下：

1，水果

1A，苹果

1B，梨

2，肉

2A，猪肉

2B，鸡肉

3，海产

3A，鱼

(1) 从键盘输入类别编号和类别名称。

(2) 到 fruit.txt 中查找是否存在类别编号，如果存在，则显示提示信息；如果不存在，则保存在文本文件中。

(3) 输入结束后将该文件中的记录全部显示出来。

代码如下：

```python
with open("fruit.txt", "r+", encoding='utf-8') as fc:
    dict = {}
    while True:
        cate = fc.readline()
        if not cate:
            break
        k_v = cate.strip().split(',')
        if len(k_v) == 2:
            k, v = k_v
            dict[k] = v
    type_code = input(' 输入类别编号：')
    type_name = input(' 输入类别名称：')
    if type_code in dict:
        print(' 类别已经存在！')
    else:
        fc.write(f'\n{type_code},{type_name}')
        print(' 已保存到文件。')
        dict[type_code] = type_name
    fc.seek(0, 0)
    print("\n 当前所有类别：")
    while True:
        cate = fc.readline()
        if not cate:
            break
        k_v = cate.strip().split(',')
        if len(k_v) == 2:
```

```
            k, v = k_v
            print(f" 编号 : {k}, 名称 : {v}")
```

运行以上代码，交互输入以下信息：

输入类别编号：4

输入类别名称：胡萝卜

输入以上信息后，输出为：

已保存到文件。

当前所有类别：

编号 : 2A, 名称 : 猪肉

编号 : 1, 名称 : 水果

编号 : 3, 名称 : 鱼

编号 : 4, 名称 : 胡萝卜

本例运用了字典，将读取的类别信息以键值对形式存放到字典中，便于按键 (类别编号) 进行检索以查找类别信息是否存在。

【综合案例 3】　创建用户账号二进制文件，写入并显示账号信息。需求如下：

(1) 已有用户的 "账号名" 保存在账号名集合中。

(2) 从键盘输入账号名，先判断当前输入的账号名在账号名集合中是否存在，如果存在，则显示提示信息后退出程序；如果不存在，就进一步接收键盘录入的用户详细信息 (含姓名、性别、年龄、信用评分、联系地址，其中，联系地址为字典类型)，保存到二进制文件中。

(3) 录入结束后将二进制文件中新建的账号信息输出显示。

拓展：本案例使用 Python 的 struct 模块对二进制文件进行读写操作，其基本使用流程如下：

(1) 在开始前，先通过 import struct 导入 struct 模块。

(2) 采用 open( ) 方法打开二进制文件。

(3) 使用 pack( ) 方法把数据对象按指定的格式进行序列化，对于字符串形式的数据，则用 encode( ) 方法将其编码为字节串。

(4) 使用文件对象的 write( ) 方法将序列化 (或编码为字节串) 的数据写入二进制文件。

(5) 使用文件对象的 read( ) 方法按字节数读取二进制文件的内容。

(6) 使用 unpack() 方法反序列化 (或 decode 解码) 出原来的信息并显示。

代码如下：

```
import struct
import json                                    # 添加 json 模块用于字典序列化
u_set = {'231668-aa.com', 'sumth-phei.net'}    # 集合存储已有用户账号
addr = {'prov': ' 贵州 ', 'city': ' 黔东南 ', 'area': ' 台江 ', 'pos': ''}  # 联系地址字典初始化
ucode = input(' 输入账号名：')
```

```python
if ucode in u_set:
    print(' 账号名已经存在！ ')
else:
    print(' 请录入用户详细信息：')
    name = input(' 姓 名：')
    sex_input = input(' 性别（男？ y）：')              # 判断性别输入是否为 'y'
    sex = True if sex_input.lower() == 'y' else False
    age = int(input(' 年 龄：'))
    eva = float(input(' 信用评分：'))
    addr['pos'] = input(' 联系地址：')
    with open('user.dat', 'wb+') as fu:
        name_bytes = name.encode('utf-8')
        fu.write(struct.pack('I', len(name_bytes)))       # 先写入姓名长度
        fu.write(name_bytes)
        # 使用正确的 struct 格式字符串打包数据
        detail = struct.pack('?If', sex, age, eva)
        fu.write(detail)
        # 使用 json 序列化地址字典
        addr_json = json.dumps(addr, ensure_ascii=False).encode('utf-8')
        fu.write(struct.pack('I', len(addr_json)))         # 写入地址数据长度
        fu.write(addr_json)
    # 读取并验证数据
    with open('user.dat', 'rb') as fu:
        name_len = struct.unpack('I', fu.read(4))[0]       # 读取姓名长度和姓名
        uname = fu.read(name_len).decode('utf-8')
        uinfo = fu.read(struct.calcsize('?If'))            # 读取详细信息
        s, a, e = struct.unpack('?If', uinfo)
        addr_len = struct.unpack('I', fu.read(4))[0]       # 读取地址数据
        addr_data = json.loads(fu.read(addr_len).decode('utf-8'))
    print('\n 新建账号信息：')
    print(f' 账号：{ucode}')
    print(f' 姓名：{uname}')
    print(' 性别：男 ' if s else ' 性别：女 ')
    print(f' 年龄：{a} 岁 ')
    print(f' 信用评分：{e:.1f}')
    print(' 联系地址：', addr_data)
```

运行以上代码，交互输入以下信息：

输入账号名：003

请录入用户详细信息：

姓 名：panchenghua

性别 (男？ y)：女

年 龄：30

信用评分：90

联系地址：御江苑

输入以上信息后，输出为：

新建账号信息：

账号：003

姓名：panchenghua

性别：女

年龄：30 岁

信用评分：90.0

联系地址： {'prov': ' 贵州 ', 'city': ' 黔东南 ', 'area': ' 台江 ', 'pos': ' 御江苑 '}

【综合案例 4】 使用 openpyxl 库实现一个学生成绩管理系统。

需求：生成包含学号、姓名、语文、数学、总分字段的 Excel 文件，自动计算每个学生的总分 (语文 + 数学)。

代码如下：

```
# 初始化工作簿
wb = Workbook()
ws = wb.active
ws.title = " 期末成绩 "
headers = [" 学号 ", " 姓名 ", " 语文 ", " 数学 ", " 总分 "]      # 写入表头 ( 带样式 )
ws.append(headers)
for cell in ws[1]:                                          # 第 1 行所有单元格
    cell.font = Font(bold=True)
# 写入样本数据
data = [
    [101, " 张三 ", 85, 90],
    [102, " 李四 ", 78, 88],
    [103, " 王五 ", 92, 85]
]
for row in data:
    ws.append(row)
for i in range(2, ws.max_row + 1):
```

```
    ws[f"E{i}"] = f"=SUM(C{i}:D{i})"          # 添加总分公式
wb.save(" 期末成绩 .xlsx")                      # 保存文件
```

输出结果为：

学号	姓名	语文	数学	总分
101	张三	85	90	175
102	李四	78	88	166
103	王五	92	85	177

习　题

一、选择题

(1) 在读写文件之前，用于创建文件对象的函数是 (　　)。

A. open B. create

C. file D. folder

(2) 关于语句 open(r"C:\Users\data\Desktop\1.txt",'x')，下列说法正确的是 (　　)。

A. 1.txt 文件必须已经存在

B. 只能从 1.txt 文件读数据，而不能向该文件写数据

C. 以只读方式打开文件

D. 打开 1.txt 文件只用于写入，如果文件已经存在，则抛出异常

(3) 下列程序的输出结果是 (　　)。

```
f = open(r"C:\Users\ 芳琦 \Desktop\1.txt",'w+')

f .write('Python')

f. seek(0)

c = f . read(2)

print(c)

f .close()
```

A. Pyth B. Python

C. Py D. Th

(4) 下列 (　　) 模式用于打开文件并进行写入，如果文件不存在则创建它。

A. 'r' B. 'w'

C. 'a' D. 'x'

(5) 使用 "with open('file.txt', 'r') as f:" 的优点是 (　　)。

A. 不需要手动关闭文件 B. 提高文件读取速度

C. 自动处理文件编码 D. 支持二进制模式

(6) 下列 (　　) 模式用于打开文件以进行读取，如果文件不存在则抛出异常。

A. 'r' B. 'w+'

C. 'a+'　　　　　　　　　　D. 'x'

(7) 使用 open() 函数打开一个名为 1.txt 的文件进行读取，正确的代码是 (　　)。

A. open("1.txt", "read")　　　　B. open("1.txt", "r")

C. open("1.txt", "rb")　　　　　D. open("1.txt")

(8) 在使用 with 语句打开文件时，正确的语法格式是 (　　)。

A. with open("file.txt", "r")

B. with open("file.txt", "r") as f:

C. with open("file.txt", "r") as f then

D. with open("file.txt", "r") -> f:

二、填空题

(1) 根据文件数据的组织形式，Python 的文件可分为 _____ 文件和 _____ 文件。一个 Python 程序文件是一个 _____ 文件，一幅 JPG 图像文件是一个 _____ 文件。

(2) Python 提供了 _____、_____ 和 _____ 方法用于读取文本文件的内容。

(3) 二进制文件的读取与写入可以分别使用 _____ 和 _____ 方法。

(4) seek(0) 将文件指针定位于 _____，seek(0,1) 将文件指针定位于 _____，seek(0,2) 将文件指针定位于 _____。

(5) Python 中文件的打开和关闭是通过内置的 _____ 和文件对象的 _____ 来实现的。

三、综合题

(1) 请把下列内容写入 txt 文本文件并以文件名为"Python 之禅"保存在计算机桌面上：

Python 之禅

优美胜于丑陋。

明了胜于晦涩。

简单胜于复杂。

复杂而正确胜于简单而错误。

扁平胜于嵌套。

稀疏胜于稠密。

可读性很重要。

(2) 请把下列内容写入 txt 文本文件并以文件名为"Zen of Python"保存在计算机桌面上：

Zen of Python

Beautiful is better than ugly.

Explicit is better than implicit.

Simple is better than complex.

Complex is better than complicated.

Flat is better than nested.

Sparse is better than dense.

Readability counts.

(3) 合并 "Python 之禅" 和 "Zen of Python" 两个文本文件的内容，合并方式为把两个文件的多行内容交替写入新的文件中，新文件命名为 "result_unite"。

(4) 逐行读取合并后 "result_unite" 文件内的内容。

(5) 把以下学生成绩数据写入 Excel，文件名为 "学生成绩表"，并求出每一位学生的总分、平均分：

学号	姓名	语文	数学	英语	总分	平均分
1001	张三	85	92	88		
1002	李四	78	85	90		
1003	王五	92	88	95		
1004	赵六	65	72	68		

第 8 章　模块、包与库

Python 提供了丰富的模块、包与库，这里不仅系统介绍了模块作为 Python 代码重用单元的基本概念，以及包的组织结构及其重要性，还详细阐述了如何在项目中有效地管理复杂的依赖关系，如何创建自定义模块和包，以及如何利用 Python 的模块搜索机制来导入和使用它们。此外，这里还介绍了 Python 标准库和第三方库的丰富资源，这些库为编程提供了全方位支持。

8.1　模块、包与库简介

模块是 .py 文件，定义了一些函数、类和变量。它包括开发者创建的自定义模块、Python 自带的内置模块和 Python 社区以外开发者开发的第三方模块。这提高了代码的复用率，为开发者提高了开发效率。

包相当于一个文件夹，里面第一个文件是 __init__.py，然后是一些模块。这方便了开发者对模块进行管理。

库是具有相关功能模块的集合，包括 Python 自带的标准内置库和 Python 社区以外开发者开发的第三方库。

8.1.1　创建自定义模块

创建自定义模块步骤如下：

(1) 在 Jupyter Notebook 中写好 Python 代码，以下是求 1 到 n 之和的示例代码：

```
def add(n):
    s=0
    for i in range(1,n+1):
        s+=i
    return s
```

(2) 如图 8-1 所示，单击"File"→"Download as"→"Python(.py)"即可导出为 .py 文件，文件名就是模块名 (这里导出为 text.py 文件，保存在桌面，其路径为 C:\Users\admin\Desktop)。

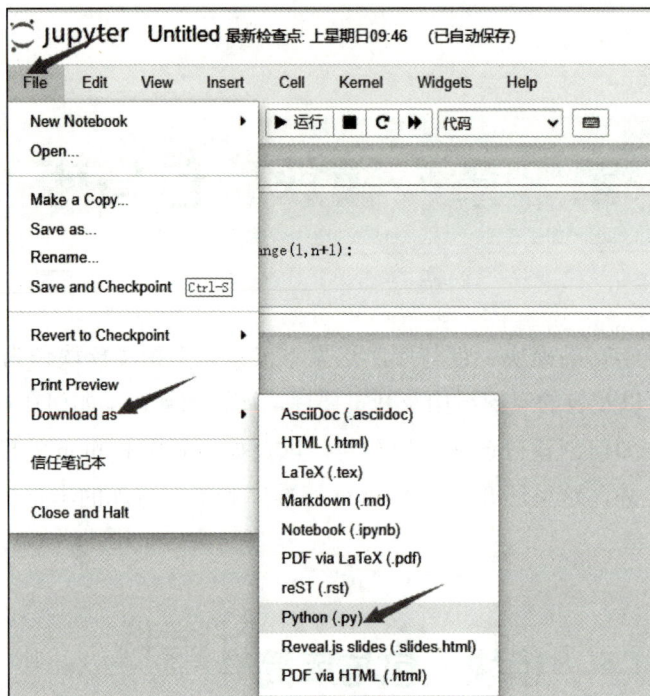

图 8-1   导出 .py 文件

8.1.2   创建包

创建包步骤如下：

(1) 如图 8-2 所示，在桌面新建一个文件夹，文件夹名即包名 (这里命名为 pkg)。

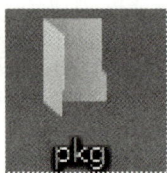

图 8-2   包

(2) 如图 8-3 所示，在包里面右键新建一个文本文档，并重命名为 __init__.py，其内容可以为空。

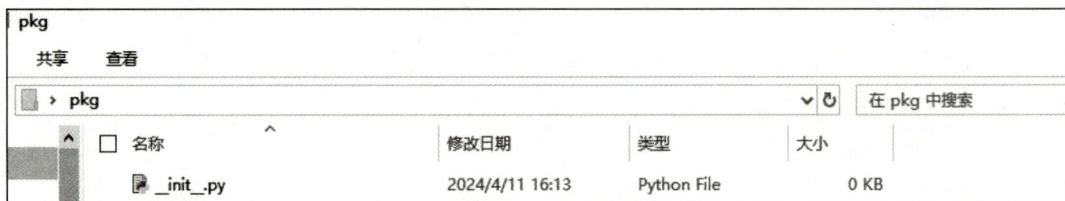

图 8-3   __init__.py

(3) 如图 8-4 所示，编写两个或多个 .py 代码文件，并保存在包中 (这里把 moudle1.py 和 moudle2.py 存在包 pkg 中)。

其中 moudle1.py 的文件内容是：

```
def func1():
    print(" 我是模块 1 的功能 ")
```

其中 moudle2.py 的文件内容是：

```
def func2():
    print(" 我是模块 2 的功能 ")
```

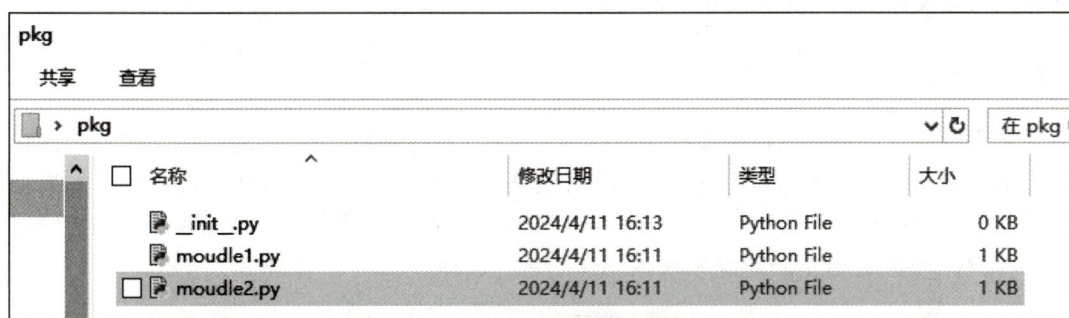

pkg					
共享　　查看					
⊟ › pkg				✓ ひ	在 pkg
☐ 名称 ^	修改日期	类型	大小		
☐ _init_.py	2024/4/11 16:13	Python File	0 KB		
☐ moudle1.py	2024/4/11 16:11	Python File	1 KB		
☐ moudle2.py	2024/4/11 16:11	Python File	1 KB		

图 8-4　将两个模块存在一个包中

8.1.3　模块搜索路径

模块搜索路径是指当 Python 导入一个模块时，解释器会按照一定的顺序在特定的路径下搜索要导入的模块。

通常可以使用 sys.path 来查看系统路径，而在运行 sys.path 之前，需要使用 import 关键字导入 sys 内置命令。其用法如下：

```
import sys
sys.path
```

Python 解释器在导入模块时，按以下顺序搜索模块：

(1) 当前目录：即解释器会搜索在命令行或集成开发环境 IDE 中运行脚本代码的目录。

(2) 内置模块：若不在当前目录下，解释器会搜索 Python 自带的内置模块。

(3) 环境变量指定的目录：若不在内置模块中，解释器会搜索由环境变量 PATH 指定的目录。

(4) 标准库目录：若不在环境变量指定的目录中，解释器会搜索 Python 的标准库目录。

(5) 任何 .pth 文件内容：若不在标准库目录中，解释器会读取任何以 .pth 为扩展名的文件，因为它包含了额外的模块搜索路径，其中列出的目录将被添加到模块搜索路径中。

(6) 第三方库目录：若在任何 .pth 文件中还是没有，解释器会搜索安装的第三方库目录。

(7) site-packages 目录：若模块也不在第三方库目录中，解释器会搜索 site-packages 目录。

若在以上搜索路径下都找不到所需要导入的模块，则会抛出 Module Not Found Error 异常。

8.2   导入和执行模块

在 Python 中，需要通过 import 关键字来引入一个模块，才可以实现使用该模块名来访问其中定义的函数、类或变量等内容。

8.2.1   导入模块

注意，在导入创建的自定义模块或创建的包之前，需要确保创建的自定义模块或创建的包的保存路径已经添加到系统中。因为路径不在系统中，在导入使用时会报错。如果没有添加到系统中，以下用 8.1.1 节创建的自定义模块为例，介绍添加路径到系统中的步骤：

(1) 右键单击创建的自定义模块或创建的包，选择"属性"，如图 8-5 所示。

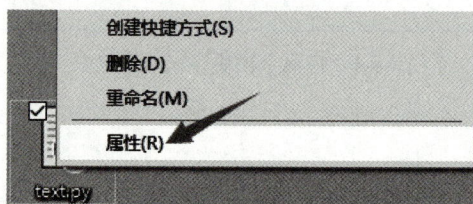

图 8-5   查看属性

(2) 可以看到创建的自定义模块或创建的包的保存路径，如图 8-6 所示。

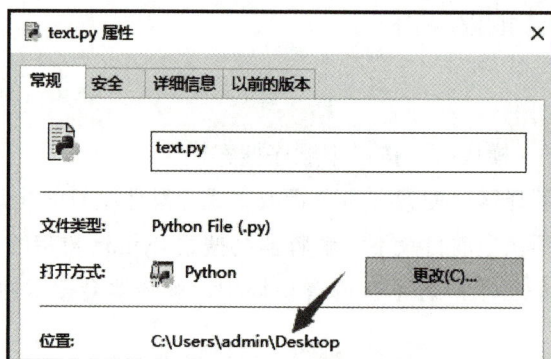

图 8-6   查看路径

(3) 首先用 import sys 导入 sys 内置模块，然后再用 sys.path.append() 函数把创建的自定义模块或创建的包的保存路径添加到系统中，最后才可以导入创建的自定义模块或包使用。

代码如下：

```
import sys
sys.path.append(r'C:\Users\admin\Desktop')
```

其中，"sys.path.append(r'C:\Users\admin\Desktop')"等价于"sys.path.append('C:\\Users\\admin\\Desktop')"，等价于"sys.path.append('C:/Users/admin/Desktop')"，都是保存路径原始

值的意思。

导入模块的语法如下：

1) import 模块名

"import math"，这表示导入了一个数学模块。用"模块名 .xxx"就可以使用相关功能。

```
import math
math.pi
```

运行结果为：

```
3.141592653589793
```

2) import 模块名 as 别名

"import math as m"，这表示同时导入了一个数学模块，并把该模块另外命名为 m。用"别名 .xxx"就可以使用相关功能。

```
import math as m
m.pi
```

运行结果为：

```
3.141592653589793
```

3) import 模块名 1, 模块名 2…

"import math,random"，这表示导入了一个数学模块和一个随机数模块。用相应的"模块名 .xxx"就可以使用相关功能。

```
import math,random
print(math.pi)
print(random.randint(1,3))
```

运行结果为：

```
3.141592653589793
2
```

4) from 模块名 import 函数，类和变量

"from math import pi"，这表示导入了数学模块中的一个圆周率对象。直接使用函数、类和变量即可。

```
from math import pi
pi
```

运行结果为：

```
3.141592653589793
```

5) from 模块名 import 函数，类和变量 as 别名

"from math import pi as p"，这表示导入了 math 模块中的一个 pi 对象，并把该对象另外命名为 p。用别名就可以使用相关功能。

```
from math import pi as p
p
```

运行结果为：

```
3.141592653589793
```

6) from 模块名 import 函数 1，类 1，变量 1，函数 2，类 2，变量 2…

"from math import pi,e"，这代表导入了数学模块中的圆周率对象和自然常数对象。用相应的函数、类和变量即可。

```
from math import pi,e
e
```

运行结果为：

```
2.718281828459045
```

7) from 模块名 import *

"from math import *"，这代表导入了数学模块中的所有对象。直接使用即可。

```
from math import *
pi
```

运行结果为：

```
3.141592653589793
```

8) import 包名 . 模块名

以 8.1.2 节创建的包为例，"import pkg.moudle1"，这表示导入 pkg 包的 moudle1 模块。使用"包名 . 模块名 . 功能名"就可以使用相应功能。

```
import pkg.moudle1
pkg.moudle1.func1()
```

运行结果为：

```
我是模块 1 的功能
```

9) from 包名 import 模块名

以 8.1.2 节创建的包为例，"from pkg import moudle1"，这表示导入 pkg 包的 moudle1 模块。使用"模块名 . 功能名"就可以使用相应功能。

```
from pkg import moudle1
moudle1.func1()
```

运行结果为：

```
我是模块 1 的功能
```

10) from 包名 . 模块名 import 函数，类和变量

以 8.1.2 节创建的包为例，"from pkg.moudle1 import func1"，这意味着导入了 pkg 包的 moudle1 模块的 func1 函数。直接使用函数、类和变量即可。

```
from pkg.moudle1 import func1
func1()
```

运行结果为：

```
我是模块 1 的功能
```

8.2.2 执行模块

执行模块是指运行该模块中的代码，使其中的功能生效。以下介绍了几种执行模块的方式：

1) 作为脚本执行

在模块末尾添加以下代码，可以使该模块作为脚本执行：

```
if __name__ == "__main__":
    pass
```

在此，pass 为空语句、占位语句，用来放置执行的脚本代码。当直接执行模块时，
__name__ 的值为 "__main__"，则执行 if __name__ == "__main__": 后面的代码。当引入
执行模块时，__name__ 的值是模块的名称，则不会执行这部分代码。

2) 导入模块执行

例如，导入 8.1.1 节创建的 text 模块的 add 函数：

```
import text
text.add(5)
```

运行结果为：

```
15
```

3) 交互式解释器中执行

(1) 如图 8-7 所示，打开 cmd 命令提示符窗口。

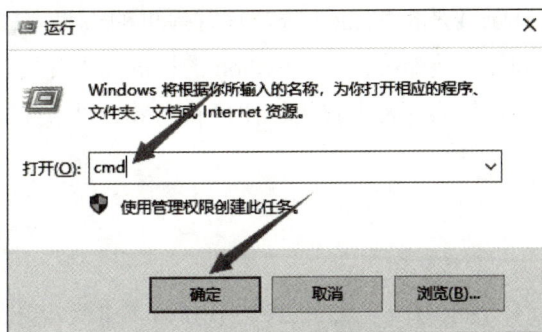

图 8-7　打开 cmd 命令提示符窗口

(2) 以 8.1.1 节创建的 text 模块为例，它的路径在 C:\Users\admin\Desktop 下。如图 8-8
所示，在 cmd 命令提示符中，首先用 "cd desktop" 切换到该模块的保存路径下，然后输
入 "python"，再按 Enter 键，即可看到 Python 的版本信息。

```
C:\Users\admin>cd desktop
C:\Users\admin\Desktop>python
```

图 8-8　切换路径

(3) 如图 8-9 所示，接着会出现 >>> 符号，它是交互式解释器的提示符。在此可以导
入模块并按 Enter 键，再输入 "模块名 . 函数名" 并按 Enter 键，交互式解释器就会解释执
行代码程序，并输出结果。

```
>>>import text
>>>text.add(5)
15
>>>
```

图 8-9　交互式解释器执行

4) 通过 exec 函数执行

通过 exec 函数来执行模块的方式不常见，且具有较低的安全性，应当谨慎使用。例如：

```
with open(" 模块名 .py", "r") as f:
    module_code = f.read()
    exec(module_code)
```

8.3　Python 的标准库

Python 提供了大量的标准内置库，以便程序员能调用各种库实现相应的功能，为程序员减少了开发的时间。

8.3.1　标准库的概念

标准库 (Standard Library) 是指 Python 语言官方提供的一组内置模块和包，与 Python 解释器一起分发，无须额外安装即可使用。Python 的标准库为开发者提供了丰富而强大的工具，可以实现各种功能，使得开发过程更加便捷和高效。以下介绍几种常见的标准库及其使用。

8.3.2　builtins 库

builtins 库是 Python 的一个标准库，主要包含了 Python 中的一些内置类型、内置函数、内置异常、其他工具函数和对象。具体如下：

(1) 内置类型 (Built-in Types)：包括 int、str、list、tuple、dict 等。

(2) 内置函数 (Built-in Functions)：包含 input()、len()、print() 等。

(3) 内置异常 (Built-in Exceptions)：有 TypeError、ValueError、ZeroDivisionError 等。

(4) 其他工具函数和对象：包含 open()、range()、enumerate() 等。

示例：

```
import builtins
str_list = builtins.list(' 人生苦短，我用 Python!')
print(str_list)
```

运行结果为：

```
[' 人 ',' 生 ',' 苦 ',' 短 ',',  ',' 我 ',' 用 ','P','y','t','h','o','n','!']
```

8.3.3　random 库

random 库是 Python 标准库之一，提供了生成伪随机数的功能。

表 8-1 介绍了 random 模块中一些常用的函数。

表 8-1　random 模块的常用函数

函　数	功　能
random.random()	返回一个 0 到 1 之间的随机浮点数
random.uniform(a, b)	返回一个 a 到 b 之间的随机浮点数
random.randint(a, b)	返回一个 a 到 b(包含两端) 之间的随机整数
random.randrange(start, stop[, step])	返回一个从 start 到 stop 之间以 step 为步长的随机整数
random.choice(seq)	从序列 seq 中随机选择一个元素并返回
random.shuffle(seq)	将序列 seq 中的元素随机打乱顺序

示例：

```
import random
x=[1,2,3,4,5]
print(' 使用 shuffle() 之前：')
print(x)
random.shuffle(x)
print(' 使用 shuffle() 之后：')
print(x)
```

运行结果为：

```
使用 shuffle() 之前：
[1,2,3,4,5]
使用 shuffle() 之后：
[3,2,5,4,1]
```

8.3.4　datetime 库

datetime 库是日期时间库，是 Python 中的一个内置模块，它提供了处理日期和时间的功能。

表 8-2 介绍了 datetime 模块中一些常用的类和函数。

表 8-2　datetime 模块的常用类和函数

类 / 函数	功　能
datetime.datetime	代表日期时间的类，可以使用 datetime(year, month, day, hour, minute, second) 来创建一个日期时间对象
datetime.date	代表日期的类，可以使用 date(year, month, day) 来创建一个日期对象
datetime.time	代表时间的类，可以使用 time(hour, minute, second) 来创建一个时间对象
datetime.now()	返回当前日期时间
datetime.weekday()	返回星期几，星期一为 0，星期日为 6
datetime.strftime(format)	将日期时间对象格式化为指定格式的字符串
datetime.strptime(date_string, format)	将字符串解析为日期时间对象，需要指定字符串的格式

示例:

```
import datetime
today = datetime.datetime.now()
```

运行结果为:

今天是 2024-04-05 11:55:04.653000:

8.3.5　turtle 库

turtle 库是 Python 的自带库之一，提供了简单的图形绘制工具。

表 8-3 介绍了 turtle 模块中的常用函数。

表 8-3　turtle 模块的常用函数

函　　数	功　　能
turtle.forward(distance)	向当前方向移动指定距离
turtle.backward(distance)	向后方向移动指定距离
turtle.left(angle)	向左旋转指定角度
turtle.right(angle)	向右旋转指定角度
turtle.penup()	抬起画笔，移动时不绘制图形
turtle.pendown()	放下画笔，移动时绘制图形
turtle.pensize(width)	设置画笔宽度
turtle.speed(speed)	设置画笔移动速度
turtle.color(color)	设置画笔颜色
turtle.begin_fill()	开始填充闭合图形的区域
turtle.end_fill():	结束填充闭合图形的区域

示例:

```
import turtle
# 创建一个画布和海龟对象
t = turtle.Turtle()
# 设置绘制速度 ( 可选 )
t.speed(3)
# 绘制五角星
for _ in range(5):
    t.forward(100)
    t.right(144)   # 每次旋转 144 度以形成五角星
# 结束绘图
turtle.done()
```

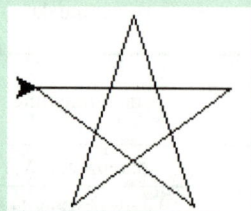

图 8-10　turtle 库示例运行结果

运行结果如图 8-10 所示。

8.4 　Python 的第三方库

Python 提供了许多第三方库，以便程序员能调用各种库实现相应的功能，减少程序开发的时间。

8.4.1　第三方库简介

Python 的第三方库是指由 Python 社区以外的开发者开发和维护的库。第三方库不随 Python 解释器自带，使用时需要先用工具进行安装。

8.4.2　第三方库安装

下面介绍几种安装第三方库的方法。

1) 使用 pip 安装工具

使用 pip 安装工具安装第三方库的步骤如下：

(1) 打开 cmd 命令行窗口：同时按下"Win"+"R"键，输入"cmd"，单击"确定"按钮，即可打开命令行窗口。

(2) 运行 pip 命令：在命令行窗口中输入"pip install 模块名"，再按下 Enter 键，等待下载安装即可。

(3) 验证安装是否成功：在 Python 脚本或解释器中导入该库，若没有报错，说明库已成功安装。

2) 网上下载

通过网上下载安装第三方库的步骤如下：

(1) 在 https://pypi.python.org 中找到需要的第三方库 (通常是 whl 文件)，然后下载。

(2) 打开 cmd 窗口，进入 whl 文件所在目录，执行"pip install 模块名 .whl"。或者，打开 cmd 窗口，进入安装包的目录，找到 setup.py 文件，然后输入"python setup.py install"命令。

3) 镜像

使用镜像安装第三方库的步骤如下：

(1) 打开 cmd 命令提示符窗口。

(2) 在窗口中输入"pip install -i 镜像源 模块名"，按下 Enter 键，等待下载安装即可。

表 8-4 介绍了几种 pip 常用镜像源地址。

表 8-4　pip 常用镜像源地址

镜　像　源	地　址
默认 pip 镜像源	https://pypi.python.org/simple
豆瓣	https://pypi.douban.com/simple
阿里云	https://mirrors.aliyun.com/pypi/simple
清华大学	https://pypi.tuna.tsinghua.edu.cn/simple
中国科技大学	https://pypi.mirrors.ustc.edu.cn/simple

8.4.3   pyinstaller 库的应用

pyinstaller 库是一个用于将 Python 脚本打包成可执行文件的工具。也就是说，pyinstaller 库将 Python 程序转换为独立的可执行文件，而不需要安装 Python 解释器或任何其他依赖项。

pyinstaller 库的使用步骤如下：

(1) 安装 pyinstaller 库：可在 cmd 命令提示符中使用 "pip install pyinstaller" 进行安装，如图 8-11 所示。

```
C:\Users\admin>pip install pyinstaller
Collecting pyinstaller
   Using cached pyinstaller-6.5.0-py3-none-win_amd64.wh1.metadata (8.3 kB)
Requirement already satisfied: setuptoo1s>=42.0.0 in c:\users\admin\appdata\1ocal\programs\python\python39\lib\site-pack
ages (from pyinstaller) (57. 4. 0)
Requirement already satisfied: altgraph in c:\users\admin\appdata\local\programs\python\python39\lib\site-packages (from
pyinstaller) (0. 17. 4)
Requirement already satisfied: pyinstaller-hooks-contrib>=2024.3 in c:\users\admin\appdata\local\programs\python\python3
9\lib\site-packages (from pyinstaller) (2024.3)
Requirement already satisfied: packaging>=22.0 in c: users\admin\appdata\local\programs\python\python39\lib\site-package
s (from pyinstaller) (24. 0)
Requirement already satisfied: importlib-metadata>=4.6 in c:\users\admin\appdata\local\programs\python\python39\lib\site
-packages (from pyinstaller) (7. 1. 0)
Requirement already satisfied: pefile>=2022. 5.30 in c:\users\admin\appdata\local\programs\python\python39\lib\site-packa
ges (from pyinstaller) (2023.2.7)
Requirement already satisfied: pywin32-ctypes>=0.2.1 in c: \users\admin\appdata\local\programs\python\python39\lib\site-p
ackages (from pyinstaller) (0.2.2)
Requirement already satisfied: zipp>=0.5 in c: \users\admin\appdata\local\programs\python\python39\lib\site-packages (fro
m importlib-metadata>=4 6->pyinstaller) (3. 18. 1)
Using cached pyinstaller-6.5.0-py3-none-win_ amd64. whl (1.3 MB)
Installing collected packages: pyinstaller
Successfully installed pyinstaller-6.5.0
```

图 8-11   安装 pyinstaller

(2) 准备 Python 脚本：确保该 Python 脚本是完整且可以独立运行的。这意味着它应该包含所有必要的依赖项，并且没有对特定环境的依赖 (这里把准备好的 test.py 脚本放在 D 盘的 test 目录中)，如图 8-12 所示。

此电脑 > 本地磁盘 (D:) > test				在 tes
□ 名称 ^	修改日期	类型	大小	
test.py	2024/4/7 10:08	Python File	1 KB	

图 8-12   保存 Python 脚本

(3) 使用 pyinstaller 打包 Python 脚本：首先在 cmd 命令行中找到包含 Python 脚本的文件夹，然后运行 "pyinstaller 脚本名 .py" 命令即可，如图 8-13 所示。

(4) 生成可执行文件：经过以上步骤会在当前目录下生成一个 dist 文件夹，在 dist 目录中会生成一个与 Python 脚本同名的文件夹，文件夹里包含了可执行文件，如图 8-14 所示。此时即可直接运行该可执行文件，而不需要安装 Python 解释器或其他依赖项。

更多的 pyinstaller 帮助文档可使用 "pyinstaller --help" 在 cmd 命令提示符中查看，如图 8-15 所示。

```
C:\Users\admin>d:
D:\>cd \test
D:\test>pyinstaller test. py
450 INFO: PyInstaller: 6.5.0,  contrib hooks: 2024.3
450 INFO: Python: 3.9.7
458 INFO: Platform: Vindows-10-10.0. 19045-SP0
486 INFO: wrote D:\test\test.spec
497 INFO: Extending PYTHONPATH with paths
[ 'D:\\test' ]
1265 INFO: checking Analysis
1266 INFO: Bui1ding Analysis because Analysis-00.toc is non existent
1266 INFO: Initializing module dependency graph...
1268 INFO: Caching module graph hooks...
1340 INFO: Analyzing base_library.zip...
1953 INFO: Loading module hook 'hook-heapg. py' from 'C:\\Users\\admin\\AppData\Local \\Programs\\Python\\Python39\\lib\\
site-packages\\PyInstaller\hooks'...
2234 TINFO: Loading module hook 'hook-encodings.py' from 'C:\\Users\\admin\\AppData\Local \\Programs\\Python\\Python39\\l
ib\\site-packages\\PyInstaller\hooks'...
3680 INFO: Loading module hook 'hook-pickle.py' from 'C:\\Users\\admin\\AppData\Local \\Programs\\Python\\Python39\\lib\
\site-packages\\PyInstaller\hooks'...
5922 INFO: Caching module dependency graph...
6015 INFO: Running Analysis Analysis-00.toc
6015 INFO: Looking for Python shared 1ibrary...
6027 INFO: Using Python shared 1ibrary: C:\Users\admin\AppData\Local \Programs\Python\Pythonr39\python39.dll
6028 INFO: Analyzing D:\test\test. py
```

图 8-13　找到并打包脚本

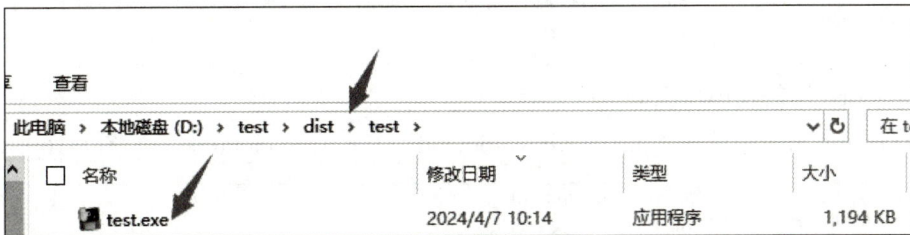

图 8-14　打包的可行性文件

```
C:\Users\admin>pyinstaller --help
usage: pyinstaller [-h] [-v] [-D] [-F] [--specpath DIR] [-n NAME] [--contents-directory CONTENTS_DIRECTORY]
          [--add-data SOURCE:DEST] [--add-binary SOURCE:DEST] [-p DIR] [--hidden-import MODULENAME]
          [--collect-submodules MODULENAME] [--collect-data MODULENAME] [--collect-binaries MODULENAME]
          [--collect-all MODULENAME] [--copy-metadata PACKAGENAME] [--recursive-copy-metadata PACKAGENAME]
          [--additional-hooks-dir HOOKSPATH] [--runtime-hook RUNTIME_HOOKS] [--exclude-module EXCLUDES]
          [--splash IMAGE_FILE] [-d {all,imports,bootloader,noarchive}] [--python-option PYTHON_OPTION] [-s]
          [--noupx] [--upx-exclude FILE] [-c] [-w]
          [--hide-console {minimize-late,hide-early,minimize-early,hide-late}]
          [-i <FILE.ico or FILE.exe,ID or FILE.icns or Image or "NONE">] [--disable-windowed-traceback]
          [--version-file FILE] [-m <FILE or XML>] [-r RESOURCE] [--uac-admin] [--uac-uiaccess]
          [--argv-emulation] [--osx-bundle-identifier BUNDLE_IDENTIFIER] [--target-architecture ARCH]
          [--codesign-identity IDENTITY] [--osx-entitlements-file FILENAME] [--runtime-tmpdir PATH]
          [--bootloader-ignore-signals] [--distpath DIR] [--workpath WORKPATH] [-y] [--upx-dir UPX_DIR]
          [--clean] [--log-level LEVEL]
          scriptname [scriptname ...]

positional arguments:
  scriptname         Name of scriptfiles to be processed or exactly one .spec file. If a .spec file is specified,
               most options are unnecessary and are ignored.

optional arguments:
  -h, --help         show this help message and exit
  -v, --version       Show program version info and exit.
  --distpath DIR      Where to put the bundled app (default: ./dist)
  --workpath WORKPATH  Where to put all the temporary work files, .log, .pyz and etc. (default: ./build)
  -y, --noconfirm     Replace output directory (default: SPECPATH\dist\SPECNAME) without asking for confirmation
```

图 8-15　pyinstaller 帮助文档

8.4.4   wordcloud 库的应用

wordcloud 库能够将文本中的单词按照出现频率绘制成词云形状，从而直观地展示出文本中的关键词。

表 8-5 介绍了 wordcloud 库的一些常用参数。

表 8-5   wordcloud 库的常用参数

参　数	含　义
width	指定词云对象生成图片的宽度，默认 400 像素
height	指定词云对象生成图片的高度，默认 200 像素
min_font_size	指定词云中字体的最小字号，默认 4 号
max_font_size	指定词云中字体的最大字号，默认根据高度参数自动调节
mask	指定词云形状，默认长方形，需要引用 imread() 函数
background_color	指定背景颜色，默认黑色，可直接用 white、black 等字符串
font_step	指定字体步长，默认 1
font_path	指定字体路径，使用中文很可能产生乱码，需要下载专门的中文字体，然后将路径传入，默认 None

wordcloud 库的使用步骤如下：

(1) 在 cmd 窗口中使用 "pip install wordcloud" 安装 wordcloud 库，如图 8-16 所示。

```
C: \Users\admin> pip install wordcloud
Collecting wordcloud
    Downloading wordcloud-1.9.3-cp39-cp39-win_amd64.whl.metadata (3.5 kB)
Collecting numpy>=1.6.1 (from wordcloud)
Downloading numpy-1.26.4-cp39-cp39-win_amd64.whl.metadata (61 kB)
                          ------------------------61.0/61.0 kB 3.2 MB/s eta 0:00:00
Collecting pillow (from wordcloud)
    Downloading pillow-10.3.0-cp39-cp39-win_amd64.whl.metadata (9.4 kB)
Collecting matplotlib (from wordcloud)
    Downloading matplotlib-3.8.4-cp39-cp39-win_amd64.whl.metadata (5.9 kB)
Collecting contourpy>=1.0.1 (from matplotlib->wordcloud)
    Downloading contourpy-1.2.1-cp39-cp39-win_ amd64.whl.metadata (5.8 kB)
Collecting cycler>=0.10 (from matplotlib- > wordcloud)
    Downloading cycler-0.12.1-py3-none-any.whl.metadata (3.8 kB)
Col1ecting fonttools>=4.22.0 (from matplotlib- > wordcloud)
    Downloading fonttools-4.51.0-cp39-cp39-win_amd64.whl.metadata (162 kB)
                          ------------------------162.8/162.8 kB 103.8 kB/s eta 0:00:00
```

图 8-16   安装 wordcloud

(2) 导入 wordcloud 库。代码如下：

```
import wordcloud
```

(3) 生成词云对象：创建一个 WordCloud 对象，并根据需要设置参数。代码如下：

```
word_cloud=wordcloud.WordCloud()
```

(4) 添加数据：文本数据可以是一段评论、一篇论文、一篇演讲稿、一部小说等。代码如下：

> word_cloud.generate(数据)

(5) 保存词云。代码如下：

> word_cloud.to_file("图片名 . 后缀名")

示例：如图 8-17 所示，用 IDLE 开发环境来画出词云图。

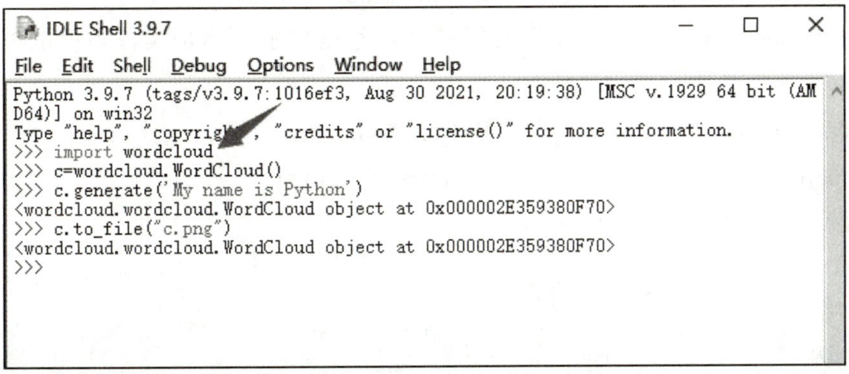

图 8-17　IDLE 运行词云图

由于使用了 IDLE 开发环境，所以在 Python 安装路径中可以找到该词云图文件，如图 8-18 所示。

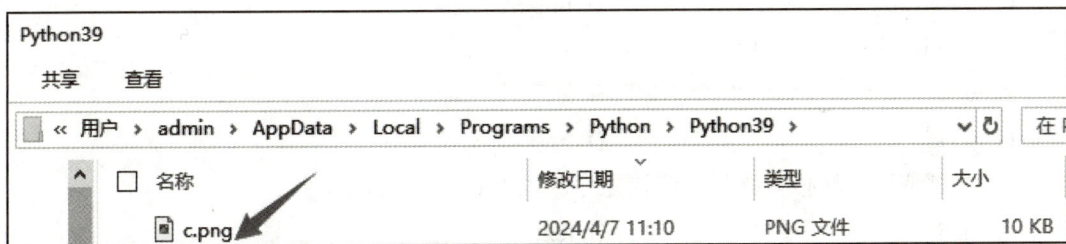

图 8-18　词云图路径

打开该词云图文件，即可看到该词云图效果，如图 8-19 所示。

图 8-19　词云图效果

习　　题

一、选择题

(1) Python 中用于导入模块的关键字是 (　　)。

A. include　　　　　　　　　　　　B. require

C. use　　　　　　　　　　D. import

(2) 假设有一个名为 math 的 Python 内置模块，以下 (　　) 方式可以正确导入并使用其中的 sqrt 函数。

A. import math; sqrt = math(sqrt)　　B. frommath import sqrt

C. import sqrt from math　　　　　　D. sqrt = import math.sqrt

(3) 设 Python 中有模块 m，如果希望同时导入 m 中的所有成员，则可以采用 (　　) 导入形式。

A. from m import *　　　　　　B. from * import m

C. import m from *　　　　　　D. import * from m

(4) 建立模块 a.py，模块内容如下：

```
def B():
    print('BBB')
def A():
    print('AAA')
```

为了调用模块中的 A() 函数，应先使用 (　　) 语句。

A. from A import a　　　　　　B. from a import A

C. import A　　　　　　　　　　D. import *

(5) Python 中模块的后缀是 (　　)。

A. .doc　　　　　　　　　　B. .c

C. .java　　　　　　　　　　D. .py

(6) 若要使用模块搜索路径，应该先导入以下 (　　) 内置模块。

A. math　　　　　　　　　　B. text

C. sys　　　　　　　　　　D. pi

(7) 用 import 关键字同时导入两个模块时，两个模块之间用以下 (　　) 符号相隔。

A. 。　　　　　　　　　　B. ,

C. !　　　　　　　　　　D. /

(8) random 模块的作用是 (　　)。

A. 将 Python 脚本打包成可执行文件

B. 图形绘制

C. 生成伪随机数

D. 生成词云图

(9) pyinstaller 模块的作用是 (　　)。

A. 将 Python 脚本打包成可执行文件

B. 生成词云图

C. 生成伪随机数

D. 图形绘制

(10) turtle 库的作用是 (　　)。

A. 生成伪随机数　　　　　　　　B. 生成词云图

C. 图形绘制　　　　　　　　　　D. 将 Python 脚本打包成可执行文件

二、填空题

(1) 在 Python 中，如果想要使用 os 模块中的 listdir 函数来列出指定目录下的所有文件和文件夹，应该首先使用 ＿＿＿＿＿ 语句来导入这个模块。

(2) 假设已经使用 import math 语句导入了 math 模块，现在想要计算一个数的平方根，应该使用 ＿＿＿＿＿ 函数。

(3) 在 Python 中，如果想要使用 random 模块来生成一个 1～10 之间的随机整数 (包括 1 和 10)，应该使用 ＿＿＿＿＿ 函数，并为其提供一个参数，即随机数的范围 ＿＿＿＿＿。

(4) Python 中每个模块都有一个名称，通过特殊变量 ＿＿＿＿＿ 可以获取模块的名称。特别地，当一个模块被用户单独运行时，模块名称为 ＿＿＿＿＿。

(5) 若要查看当前的日期和时间，应该先导入 ＿＿＿＿＿ 模块。

(6) 在 Python 中，安装第三方模块，可以通过 ＿＿＿＿＿ 工具来完成。

(7) builtins 库中的 ＿＿＿＿＿ 内置函数用于求长度。

(8) 若首先导入了 random 模块，现在需要使用它来返回一个 0～1 之间的随机浮点数，则使用语句 ＿＿＿＿＿。

(9) 可以通过 ＿＿＿＿＿ 命令来安装 pyinstaller 库。

(10) 若有一个 Python 脚本名为 test.py，现在使用 pyinstaller 打包该 Python 脚本的命令为 ＿＿＿＿＿。

三、综合题

(1) 用 turtle 库画奥运五环。

(2) 把第 (1) 题的 Python 脚本用 pyinstaller 打包。

第 9 章   数据分析基础

本章主要学习数据分析的基础理论，其中包含 NumPy、Pandas 和 Matplotlib 这 3 个库的有关知识。NumPy 是 Python 中用于科学计算的基础包，提供了强大的多维数组对象和用于操作数组的函数，是许多其他数据科学库的基础，如 Pandas 和 Scikit-learn。Pandas 是用于数据分析和处理的库，提供了高级数据结构和数据操作工具。Matplotlib 是 Python 中常用的绘图库，用于创建各种类型的静态、交互式和动态图形。

9.1   科学计算 NumPy 库

NumPy(Numerical Python 的缩写) 是一个开源的 Python 科学计算库，其中包含很多实用的数学函数，具有线性代数运算、傅里叶变换和随机数生成等功能。从某种意义上讲，NumPy 可取代 MATLAB 和 Mathematica 的部分功能，并且允许用户进行快速的交互式原型设计。

9.1.1   NumPy 的主要学习内容

在学习 NumPy 时，应该主要掌握以下几点内容：

(1) NumPy 数组对象。NumPy 中的多维数组被称为 ndarray，ndarray 对象通常包含 ndarray 数据本身和描述数据的元数据两个部分。需要注意的是，NumPy 的向量化运算效率要远远高于 Python 的循环遍历运算。

(2) 创建 ndarray 数组。首先需要导入 NumPy 库，在导入 NumPy 库时通常使用"np"作为简写 (下文代码中用 np 代指 NumPy)。

(3) NumPy 的数值类型：包括布尔类型、整数类型、浮点类型、复数类型等。

(4) ndarray 数组的属性：包括 dtype 属性、ndim 属性、shape 属性、size 属性等。

(5) ndarray 数组的索引和切片。数组的索引和切片包括一维数组的索引和切片 (与 Python 的列表索引类似) 和二维数组的索引和切片。

(6) 处理数组形状。形状是数据的维度信息，描述了数组在每个维度上的元素数量。它通常以元组形式表示，元组中的每个元素对应数组在某一维度上的长度。形状的常见操作包括形状转换、堆叠数组及数组的拆分。

(7) 数组类型的转换：包括使用 tolist 将数组转换成 list 和使用 astype 函数转换成指定类型。

9.1.2　NumPy 的作用

NumPy 是 Python 中用于科学计算的一个库，它的主要用途包括：

(1) 数组操作：NumPy 提供了多维数组对象 (ndarray)，可以进行高效的数组操作，包括创建、索引、切片、变形、合并等。

(2) 数学函数：NumPy 提供了各种数学函数，如三角函数、指数函数、对数函数、线性代数函数等，可以进行高性能的数值计算。

(3) 随机数生成：NumPy 提供了随机数生成器 (random)，可以生成各种概率分布的随机数。

(4) 线性代数运算：NumPy 提供了线性代数运算的函数，如矩阵乘法、矩阵分解、求解线性方程组等。

9.1.3　NumPy 数据类型

NumPy 支持的数据类型比 Python 内置的类型要多很多，基本上可以和 C 语言的数据类型相对应，其中部分类型与 Python 内置的类型对应。表 9-1 列举了常见的 NumPy 数据类型。

表 9-1　常见的 NumPy 数据类型

名　称	描　述
bool	布尔型数据类型 (True 或者 False)
int	默认的整数类型 (类似于 C 语言中的 long、int 32 或 int 64)
int c	与 C 语言的 int 类型一样，一般是 int 32 或 int 64
int p	用于索引的整数类型 (类似于 C 语言中的 ssize_t，一般情况下仍然是 int 32 或 int 64)
int 8	字节 (−128～127)
int 16	整数 (−32 768～32 767)
int 32	整数 (−2 147 483 648～2 147 483 647)
int 64	整数 (−9 223 372 036 854 775 808～9 223 372 036 854 775 807)
uint 8	无符号整数 (0～255)
uint 16	无符号整数 (0～65 535)
uint 32	无符号整数 (0～4 294 967 295)
uint 64	无符号整数 (0～18 446 744 073 709 551 615)
float	float 64 类型的简写
float 16	半精度浮点数，包括 1 个符号位、5 个指数位和 10 个尾数位
float 32	单精度浮点数，包括 1 个符号位、8 个指数位和 23 个尾数位
float 64	双精度浮点数，包括 1 个符号位、11 个指数位和 52 个尾数位
complex	complex 128 类型的简写，即 128 位复数
complex 64	复数，表示双 32 位浮点数 (实数部分和虚数部分)
complex 128	复数，表示双 64 位浮点数 (实数部分和虚数部分)

9.1.4　NumPy 创建各类型数组

本节介绍用 NumPy 创建数组以及数组的其他常用操作。

1. NumPy 数组的创建

使用命令"np.array()",其功能是将列表 list 或元组 tuple 转换为 ndarray 数组。格式如下:

```
np.array(object, dtype=None, copy=True, order=None, subok=False, ndmin=0)
```

各参数含义如下:

- object:列表、元组等。
- dtype:用于描述数组中元素的数据类型,如果未给出,则数据类型为被保存对象所需的最小类型。
- copy:布尔类型,默认为 True,表示复制输入数据,创建一个新的 NumPy 数组。
- order:用于指定元素在内存中的排列顺序。
- subok:布尔类型,用于控制返回的数组是否保持子类信息。默认情况下,subok 的值为 False,此时返回的数组将是 NumPy 的基类数组 (即 numPy.ndarray) 的实例。
- ndmin:用于指定生成数组的最小维数。

【例 9-1】 根据列表创建一个数组。代码如下:

```
import numpy as np              # 引入 numpy 模块 , 简称为 np
data = np.array([[0,1],[2,3]])  # 输入参数:一个包含两个子列表的列表
data
```

data 的输出值如下:

```
array([[0,1],[2,3]])
```

1) np.zeros 和 np.ones 函数

当需要生成一些特殊的矩阵,如全 0 或全 1 的矩阵时可以使用 NumPy 的内部函数 zeros 和 ones 来实现。

np.zeros 函数的语法格式如下:

```
np.zeros(shape, dtype None)
```

其功能是创建一个全 0 的数组,其中的参数含义如下:

- shape:数组形状,一般为一个元组,代表行数和列数。
- dtype:数据类型,可选。

【例 9-2】 创建一个 5 行 5 列的全 0 数组。代码如下:

```
np.zeros(shape = (5,5))         # shape 代表数组行和列
```

结果如下:

```
array([[0., 0., 0., 0., 0.],
       [0., 0., 0., 0., 0.],
       [0., 0., 0., 0., 0.],
       [0., 0., 0., 0., 0.],
       [0., 0., 0., 0., 0.]])
```

np.ones 函数的语法格式如下:

```
np.ones(shape, dtype=None)
```

其功能是生成全 1 数组。其中参数含义同上全 0 数组。

【例 9-3】　分别建立一个一维和二维全 1 数组。代码如下：

```
a1 = np.ones(6)              # 一维的全 1 数组
a2 = np.ones((2,4))          # 二维的全 1 数组
```

a1 和 a2 的值如下：

```
array([1.,1.,1.,1.,1.,1.])           # a1 的值
array([[1.,1.,1.,1.],
[1.,1.,1.,1.]])                      # a2 的值
```

2) np.arange() 函数

np.arange 和 Python 的内置函数 range 函数类似，参数含义也类似，都可生成等差的数组。np.arange 函数的语法格式如下：

```
np.arange(start，stop，step)
```

【例 9-4】　生成 1～9 的一维整数数组。代码如下：

```
np.arange(1,10,1)        # 参数与 range 函数相同，分别是起始数，终止数 ( 不包含 )，间隔数
```

结果如下：

```
array([1,2,3,4,5,6,7,8,9])
```

3) np.random 模块

该模块用于生成单个数或者任意维度的数组。np.random 可以调用 3 个函数：rand、randn、randint，具体应用可参照下面例题。

【例 9-5】　随机生成 15 个 0～1 之间的随机数组。代码如下：

```
np.random.rand(15)        # rand 表示能生成 0～1 之间的随机数
```

结果如下：

```
array([0.56140129,0.02553726,0.90946901,0.42941214,0.5023734,
       0.47213623,0.50147167,0.25886482,0.14370607,0.13946377,
       0.8008142,0.93221127,0.71225002,0.24669423,0.34930031])
```

【例 9-6】　随机生成 10 个服从标准正态分布的数组。代码如下：

```
np.random.randn(10)        # randn 表示能生成标准正态分布数
```

结果如下：

```
array([0.1334206,-0.74686114,0.19276749,0.87325939,2.00337787,
       0.91591745,-0.14489745,1.03141692,0.60245906,-0.22459351])
```

【例 9-7】　随机生成 2～20 之间的任意整数。代码如下：

```
np.random.randint(2, 20)    # 表示生成 2～20( 包含本数 ) 的随机整数
```

输出结果为：5

注意：np.random 模块生成的都是随机数，如果再次运行上面代码会得到不同结果。

4) np.reshape() 函数

该函数用于在不改变数据的情况下修改数组形状。

【例 9-8】　将数组 data 转换成 3 行 4 列的形式。代码如下：

```
data = np.array([[1,2,3,4,5,6],[7,8,9,10,11,12]])
```

```
data.reshape(3,4)                # 表示转换为 3 行 4 列
```

结果如下：

```
array([[1,2,3,4],
       [5,6,7,8],
       [9,10,11,12]])
```

5) np.concatenate() 函数

该函数的语法格式如下：

```
np.concatenate((a1,a2,…), axis=0)
```

其功能是完成合并，参数有 2 个：第 1 参数为输入的数组；第 2 参数 axis 表示合并方式，分为垂直合并和水平合并。用默认的 0 来代表垂直合并，要求数组间列数相同；水平合并用 1 来代表，要求数组间行数相同。

【例 9-9】 有 3 个数组 a、b 和 c,分别将 a 和 b 垂直合并，b 和 c 水平合并。代码如下：

```
a = np.array([[0,1,2,3],[4,5,6,7]])
b = np.array([[0,1,2,3],[4,5,6,7],[8,9,10,11]])
c = np.array([[0,1,2],[3,4,5],[6,7,8]])
np.concatenate([a,b],axis =0)
np.concatenate([b,c],axis =1)
```

a 和 b 垂直合并结果如下：

```
array([[0,1,2,3],
       [4,5,6,7],
       [0,1,2,3],
       [4,5,6,7],
       [8,9,10,11]])
```

b 和 c 水平合并结果如下：

```
array([[0,1,2,3,0,1,2],
       [4,5,6,7,3,4,5],
       [8,9,10,11,6,7,8]])
```

6) np.split() 函数

该函数用于完成数组的分割，其语法格式如下：

```
np.split(ary,indices,axis=0)
```

其功能是将数组 ary 分割为 indices 个子数组。axis = 0 时，表示横向分割；axis = 1 时，表示纵向分割。

【例 9-10】 完成数组的分割。代码如下：

```
a = np.arange(1,25).reshape(6,4)
np.split(a,2,axis=1)             # 纵向分割数组为两个部分
```

结果如下：

```
array([[1,2],
       [5,6],
```

```
            [9,10],
            [13,14],
            [17,18],
            [21,22]]),
     array([[3,4],
            [7,8],
            [11,12],
            [15,16],
            [19,20],
            [23,24]])
```

2. 聚合运算

NumPy 提供了许多聚合函数，可以对数组按照指定的轴进行统计运算，比如计算加、减、乘、除、最大、最小、中位数、平均数等。

【例 9-11】　分别计算数组 a 内部数据总和、最大、最小值、平均数。代码如下：

```
a = np.array([0,1,2,3,4,5,6,7,8])
np.sum(a)
np.min(a)
np.max(a)
np.mean(a)
```

结果如下：

```
36 0 8 4
```

3. 索引与切片

在 NumPy 中同样存在索引和切片操作，能够实现根据索引获取相应的位置元素，其操作与 Python 的列表操作很类似。

【例 9-12】　一维数组的索引和切片。代码如下：

```
w = np.arange(10)
print(w)
print(w[2],w[3])
```

结果如下：

```
[0 1 2 3 4 5 6 7 8 9]
2 3
```

对上例进行切片操作：

```
print(w[3:6])
print(w[6:3:-1])
```

结果如下：

```
[3 4 5]
```

```
[6 5 4]
```

多维数组的索引和切片的语法格式如下：

数组名 [第 0 维，第 1 维，第 2 维，…]

不同的维度之间用逗号隔开。

【例 9-13】　多维数组的索引和切片。代码如下：

```
w = np.arange(20).reshape(4,5)
print(w)
```

结果如下：

```
[[ 0  1  2  3  4]
 [ 5  6  7  8  9]
 [10 11 12 13 14]
 [15 16 17 18 19]]
```

执行以下代码：

```
print(w[1,2])
print(w[:,2])    # 筛选所有行，返回第 2 列
```

结果为：

```
7
[2 7 12 17]
```

4. NumPy 数组的查看

数组的查看是指查询某一数组的具体内容和属性，主要包括数组的维度、大小、元素总数、数据类型等。在操作中主要调取相应的属性即可，具体属性如表 9-2 所示。

表 9-2　NumPy 数组的属性

属　　性	表　示　含　义
ndim	数组的维度
shape	数组的大小
size	数组的元素总数
dtype	数组数据类型

【例 9-14】　将图 9-1 所示数据转换成数组，行列分布与表格相同，并查看其维度、大小、元素总数、数据类型等内容。

10	45	33	10	22
64	64	21	77	32
56	65	52	52	56

图 9-1　整数二维表数据

根据图 9-1 中的 3 行数据分别创建 3 个列表，分别赋值给 3 个变量 data_list1、data_list2 和 data_list3。然后转换成一个数组，并赋值给变量 data_array，查看相关信息。代码如下：

```
data_list1 = [10,45,33,10,22]
data_list2 = [64,64,21,77,32]
data_list3 = [56,65,52,52,56]
```

```
data_array = np.array([data_list1,data_list2,data_list3])
data_array.ndim              # 查看维度
```
结果为：2
```
data_array.shape             # 查看大小
```
结果为：(3,5)
```
data_array.size              # 查看数据总数
```
结果为：15
```
data_array.dtype             # 查看数据类型
```
结果为：dtype('int32')

5. 数组的数学运算

数组的数学运算可分为两种，一种是数组与数的运算，另一种是数组与数组之间的运算。

1) 数组与数值的运算

数组在与某一数值进行数学运算时，数组的每一个元素都分别与该数值进行运算。

【例 9-15】 计算数组 a 与 2 的和、差、积以及相除之后的余数。代码如下：
```
a = np.array([[1,2,3,4,5,6],[7,8,9,10,11,12]])
a1 = a+2                     # a 与 2 求和
a2 = a-2                     # a 与 2 求差
a3 = a*2                     # a 与 2 求积
a4 = a%2                     # a 与 2 求模
```
结果分别如下：
```
array([[3,4,5,6,7,8],
[9,10,11,12,13,14]])         # a1 的值
array([[-1,0,1,2,3,4],
[5,6,7,8,9,10]])             # a2 的值
array([[2,4,6,8,10,12],
[14,16,18,20,22,24]])        # a3 的值
array([[1,0,1,0,1,0],
[1,0,1,0,1,0]], dtype = int32)  # a4 的值
```

2) 数组与数组的运算

数组之间的运算规则和原理与矩阵的相关运算类似，下面通过例题来说明。

【例 9-16】 计算数组 b 和 c 的和、差，以及 c 和 d 的积。代码如下：
```
b = np.array([[1,2,0],[4,5,6],[7,8,9]])
c = np.array([[3,4,5],[6,7,8],[9,10,11]])
d= np.array([[3,4,5],[6,7,8],[9,10,11]])
```
具体操作如下：
```
b+c                          # 求和
b-c                          # 求差
c*d# 求积
```

结果分别如下：

```
array([[ 4, 6, 5],
[10, 12, 14],
[16, 18, 20]])                    # 数组求和结果
array([[-2, -2, -5],
[-2, -2, -2],
[-2, -2, -2]])                    # 数组求差结果
array([[ 9, 16, 25],
 [ 36, 49, 64],
 [ 81, 100, 121]])                # 数组求积结果
```

在运算中如果不符合数组运算的规则以及数组之间的维度不匹配，则会异常报错。数组之间的除法与普通除法运算规则类似，在这里不予赘述。

9.2　数据分析 Pandas 库

Pandas 是一个基于 Python 编程语言开发的开源数据分析库。Pandas 提供了易于使用的数据结构和数据分析工具，特别适用于处理结构化数据，如表格型数据 (类似于 Excel 表格)。同时 Pandas 也是数据科学和分析领域中常用的工具之一，用户能够用其轻松地从各种数据源中导入数据，并对数据进行高效的操作和分析。

9.2.1　Pandas 简介

Pandas 是一个强大的结构化数据分析工具集，它的使用基础是 NumPy(提供高性能的矩阵运算)，用于数据挖掘和数据分析，同时也提供数据清洗功能。

数据分析是指根据特定的需求，利用数据分析技术，从特定的角度对数据进行分析并提取有价值的信息，分析的结果可作为后期应用的参考。数据分析是数据处理过程中的重要环节，实现数据分析可以使用多种软件或语言，如 Python、MATLAB、R 语言、Go 语言等。Python 拥有众多扩展库，更方便数据分析的进行，故本节将详细介绍如何使用 Python 的扩展库 Pandas 进行数据分析。

9.2.2　Pandas 在数据分析中的优势

Pandas 在数据分析中的优势有：

(1) 数据结构灵活：Pandas 提供两种核心数据结构，即 Series(一维数组) 和 DataFrame (二维表结构)。这两种数据结构为数据处理提供了极大的灵活性，可以满足各种复杂的数据处理需求。

(2) 数据导入导出方便：Pandas 支持从多种文件格式 (如 CSV、Excel、SQL、HDF5 等) 导入和导出数据，这使得数据交换和处理变得非常方便。

(3) 数据处理功能强大：Pandas 提供丰富的数据处理功能，包括数据清洗、转换、筛

选、排序、分组、统计等。通过这些功能，可以轻松地完成数据预处理工作。

(4) 时间序列处理：Pandas 对时间序列数据有很好的支持，可以轻松地进行时间序列的切片、聚合等操作。这对于金融、经济等领域的数据分析非常有用。

(5) 集成与可视化：Pandas 可与 Matplotlib、Seaborn 等可视化库无缝集成，可以方便地将数据处理结果可视化。

(6) 性能优越：Pandas 底层使用 C 语言实现，执行效率非常高。在处理大规模数据集时，Pandas 表现出色。

(7) 缺失数据处理：Pandas 提供了强大的缺失数据处理功能，可以方便地检测、填充或删除缺失数据。

(8) 内存效率：Pandas 数据结构的设计和执行的操作都是经过优化的，数据存储和处理过程中占用的内存较少，使得在有限的内存环境中也能处理大规模的数据集。

9.2.3 Pandas 数据结构

Pandas 的主要数据结构是 Series 和 DataFrame，分别表示一维数组和二维数组，这两种数据结构可以用于处理金融、社科、工程领域的数据集。

1. Series

Series 是一种类似于 NumPy 的一维数组的对象，它是由一组数据 (values) 以及对应的索引 (index) 组成的，每个元素都有一个自带的索引 (索引从 0 开始)。

通过调用函数 Pandas.Series() 创建 Series，语法格式如下：

```
Pandas.Series(data, index, dtype, name, copy)
```

参数说明如下：

- data：输入的数据，可以是列表、字典、常量等。
- index：指定数据索引标签，可以是数字或字符串，若不指定，则默认为从 0 开始的整数索引。
- dtype：数据类型，可以不指定。
- name：数据名称 (标签)，用于标识 Series 对象。
- copy：表示对 data 进行复制，布尔值，默认为 False。

【例 9-17】 由列表创建 Series。代码如下：

```
import pandas as pd      # 首先需要导入 Pandas 库
a = pd.Series([1,3,5,7,9])
print(a)
```

结果如下：

```
0    1
1    3
2    5
3    7
4    9
dtype: int64
```

【例 9-18】 自定义索引创建 Series 数据。代码如下：

```
serie4 = pd.Series(['Jack','Marry','Jane'],index = list(range(1,4)))
print(serie4)
```
结果如下：
```
1        Jack
2        Marry
3        Jane
dtype: object
```

2. DataFrame

DataFrame 是 Pandas 中最常见的数据结构之一，它是一种二维表格数据，由索引 (index)、列名 (columns) 和值 (values) 三部分组成，如图 9-2 所示。

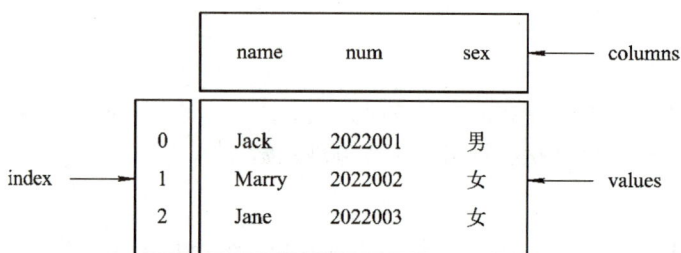

图 9-2   DataFrame 结构的组成部分

通过调用构造函数 pandas. DataFrame() 创建，语法格式如下：
```
pandas. DataFrame(data, index, columns, dtype, copy)
```
参数说明如下：

- data：输入的数据 (ndarry、Series、list、dict 等类型)。
- index：指定索引值，若不指定，则从 0 开始递增。
- columns：列标签，从 0 开始递增。
- dtype：每一列的数据类型。
- copy：表示对 data 进行复制，布尔值，默认为 False。

【例 9-19】   由元组或列表创建 DataFrame 数据。代码如下：
```
import pandas as pd
data = {'name':['Jack','Marry','Jane'],
'num':['2022001','2022002','2022003'],
'sex':[' 男 ',' 女 ',' 女 ']}
df2=pd.DataFrame(data)
print(df2)
```
结果如下：
```
   name    num     sex
0  Jack   2022001   男
1  Marry  2022002   女
2  Jane   2022003   女
```

9.2.4 Pandas 数据读写

Pandas 提供了 TXT、CSV、Excel 等类型的文件读写函数，本书仅介绍读取 Excel 文件的方法。使用 pd.read_excel() 函数可以读取 Excel 文件，并将其转换为 Pandas 数据框。可以指定工作表名和列名的行号，语法结构如下：

```
df = pd.read_excel('data.xlsx', sheet_name='Sheet1', header=0)
```

主要参数如下：

- 'data.xlsx' 是要读取的 Excel 文件的文件路径。
- sheet_name='Sheet1' 表示要读取的工作表名为 Sheet1。如果省略该参数，则默认读取第一个工作表。
- header=0 表示将文件中的第 0 行作为列名。如果省略该参数，则默认将文件中的第一行作为列名。

【例 9-20】 利用 read_excel() 函数读取 Excel 文件"成绩表 .xlsx"。代码如下：

```
import pandas as pd
df = pd.read_excel(r'C:\Users\asd\Desktop\ 成绩表 .xlsx')      # 参数为路径和文件名
df.head()                                                      # 默认显示前 5 行
```

结果如图 9-3 所示。

	学号	班级	姓名	性别	语文	数学	外语	物理	化学	生物	政治	历史
0	20001	1班	李海	女	87	78	80	56	75	67	80	78
1	20002	1班	胡艳	女	88	78	83	75	53	54	67	78
2	20003	1班	江燕	女	89	67	78	67	75	78	79	75
3	20004	1班	李进	女	90	78	82	87	89	67	67	90
4	20005	1班	胡海华	男	91	90	83	75	75	67	76	78

图 9-3 读取 Excel 文件结果

【例 9-21】 利用 read_excel() 函数导入 Excel 文件"成绩表 .xlsx"的学号、姓名、语文、数学数据列。代码如下：

```
import pandas as pd
df = pd.read_excel(r'C:\Users\asd\Desktop\ 成绩表 .xlsx', usecols = [' 学号 ',' 姓名 ',' 语文 ',' 数学 '])
df
```

结果如图 9-4 所示。

	学号	姓名	语文	数学
0	20001	李海	87	78
1	20002	胡艳	88	78
2	20003	江燕	89	67
3	20004	李进	90	78
4	20005	胡海华	91	90

图 9-4 读取 Excel 文件中的数据列

9.2.5 Pandas 常用操作

1. 数据访问

Pandas 提供了多种数据访问方式，有直接访问、索引器访问、条件访问等。

1) 直接访问

直接访问使用"[]"，常用于获取单列、多列或多行数据。

(1) 单列访问：在"[]"中输入列标签，如 df[' 列名 ']。

【例 9-22】 利用例 9-20 中的数据，对"姓名"列进行访问。代码如下：

```
df[' 姓名 ']
```

结果如图 9-5 所示。

```
0      李海
1      胡艳
2      江燕
3      李进
4      胡海华
Name: 姓名, dtype: object
```

图 9-5   对"姓名"列进行访问

(2) 多列访问：在"[]"中输入多个列标签，如 df[' 列名 1',' 列名 2']。

【例 9-23】 利用例 9-20 的数据，对"学号""姓名""班级"列进行访问。代码如下：

```
df[' 姓名 ',' 学号 ',' 班级 ']
```

结果如图 9-6 所示。

	学号	姓名	班级
0	20001	李海	1班
1	20002	胡艳	1班
2	20003	江燕	1班
3	20004	李进	1班
4	20005	胡海华	1班

图 9-6   多列访问

(3) 连续多行访问：采用切片方式按位置进行连续多行访问。

【例 9-24】 利用例 9-20 中的数据，对前 3 行进行访问。代码如下：

```
df[0:3]
```

结果如图 9-7 所示。

	学号	班级	姓名	性别	语文	数学	外语	物理	化学	生物	政治	历史
0	20001	1班	李海	女	87	78	80	56	75	67	80	78
1	20002	1班	胡艳	女	88	78	83	75	53	54	67	78
2	20003	1班	江燕	女	89	67	78	67	75	78	79	75

图 9-7   前 3 列的数据访问

2) 索引器访问

在 Series 和 DataFrame 数据结构中，隐式索引 (默认索引 0、1、2、3…) 和显示索引 (自定义索引、标签) 并存，可以使用索引器 (主要是 loc 和 iloc) 进行单行、多行、多行多列、按条件访问等多种形式的数据访问。

(1) loc 索引器。loc 索引器根据行标签和列标签采用先行后列的方式对数据进行访问。语法格式如下：

```
df.loc[ 行标签 , 列标签 ]
```

参数可以是单个标签、标签列表、标签切片、也可以是布尔数组，布尔数组的长度需与对应操作的轴 (axis) 长度相等；当只有一个参数时，默认是行标签，即访问整行数据，包括所有列。Series 仅使用行标签。

需要注意的是：loc 索引器不能直接选取列，必须先行后列。在进行多行多列数据筛选时，列表和切片可联合使用，标签 (显式索引) 切片为全闭区间。

loc 索引器常见的使用形式有以下 4 种：

- 访问单行、多行数据：df.loc[' 行 ']，df.loc[' 行 1',' 行 3']。
- 访问多行多列数据：df.loc[[' 行 1',' 行 2'],[' 列 1',' 列 3']]，通过两个列表选取行列组合。
- loc 切片访问：df.loc[' 行 1':' 行 3',' 列 1':' 列 3']，通过切片访问连续的多行多列。
- loc 布尔条件访问：df.loc[df[' 列 1']> 条件值]，按条件选取单列 (多列) 满足一定条件的行数据。

【例 9-25】 利用例 9-20 的数据，对 1、3、4 行进行访问。代码如下：

```
df.loc[[1,3,4]]
```

结果如图 9-8 所示。

	学号	班级	姓名	性别	语文	数学	外语	物理	化学	生物	政治	历史
1	20002	1班	胡艳	女	88	78	83	75	53	54	67	78
3	20004	1班	李进	女	90	78	82	87	89	67	67	90
4	20005	1班	胡海华	男	91	90	83	75	75	67	76	78

图 9-8 对 1、3、4 行进行访问

【例 9-26】 利用例 9-20 的数据，对 1、3、4 行，"姓名""语文""数学"列进行访问。代码如下：

```
df.loc[[1,3,4],[' 姓名 ',' 语文 ',' 数学 ']]
```

结果如图 9-9 所示。

	姓名	语文	数学
1	胡艳	88	78
3	李进	90	78
4	胡海华	91	90

图 9-9 对"姓名""语文""数学"列访问

【例 9-27】 利用例 9-20 的数据，查询语文和数学都大于 80 分的学生信息。代码如下：

```
df.loc[(df[' 语文 ']>80)&(df[' 数学 ']>80)]
```

结果如图 9-10 所示。

	学号	班级	姓名	性别	语文	数学	外语	物理	化学	生物	政治	历史
4	20005	1班	胡海华	男	91	90	83	75	75	67	76	78

图 9-10　语文和数学都大于 80 分的信息

【例 9-28】 利用例 9-20 的数据，查询姓"李"的学生信息。代码如下：

```
df.loc[df[' 姓名 '].str.contains(' 李 ')]
```

结果如图 9-11 所示。

	学号	班级	姓名	性别	语文	数学	外语	物理	化学	生物	政治	历史
0	20001	1班	李海	女	87	78	80	56	75	67	80	78
3	20004	1班	李进	女	90	78	82	87	89	67	67	90

图 9-11　查询姓"李"的学生信息

(2) iloc 索引器：iloc 索引器和 loc 索引器使用方式几乎相同，唯一不同的是，iloc 索引器只能使用隐式索引 (默认索引 0、1、2···)，不能使用自定义索引。如果整数索引超出范围，将会引发 IndexError。

【例 9-29】 利用例 9-20 的数据，使用 iloc 索引器对 1～3 行，2～6 列进行访问。代码如下：

```
df.iloc[0:3,1:6]
```

结果如图 9-12 所示。

	班级	姓名	性别	语文	数学
0	1班	李海	女	87	78
1	1班	胡艳	女	88	78
2	1班	江燕	女	89	67

图 9-12　iloc 索引器访问

2. 数据增、删、改

1) 数据添加

数据添加主要有按行添加和按列添加，但是按列添加更为常用。

(1) 按列添加有直接赋值和 insert( ) 函数两种方式。

直接赋值：采用直接访问方式"[' 新列名 ']"进行赋值。

【例 9-30】 利用例 9-20 中的数据，增加一列"python"，成绩分别为 90、69、89、76、56。代码如下：

```
df['python']=[90,69,89,76,56]
df
```

结果如图 9-13 所示。

	学号	班级	姓名	性别	语文	数学	外语	物理	化学	生物	政治	历史	总分	python
0	20001	1班	李海	女	87	78	80	56	75	67	80	78	NaN	90
1	20002	1班	胡艳	女	88	78	83	75	53	54	67	78	NaN	69
2	20003	1班	江燕	女	89	67	78	67	75	78	79	75	NaN	89
3	20004	1班	李进	女	90	78	82	87	89	67	67	90	NaN	76
4	20005	1班	胡海华	男	91	90	83	75	75	67	76	78	NaN	56

图 9-13　添加"python"列

insert() 函数：该函数可以实现在 DataFrame 中按指定的列序号插入新列。其语法格式如下：

```
DataFrame.insert( 新序号，新列名，值 )
```

【例 9-31】　利用例 9-20 中的数据，在第 4 列后增加一列"体育"，成绩为"合格"的记录。代码如下：

```
df.insert(4,' 体育 ',' 合格 ')
df
```

结果如图 9-14 所示。

	学号	班级	姓名	性别	体育	语文	数学	外语	物理	化学	生物	政治	历史
0	20001	1班	李海	女	合格	87	78	80	56	75	67	80	78
1	20002	1班	胡艳	女	合格	88	78	83	75	53	54	67	78
2	20003	1班	江燕	女	合格	89	67	78	67	75	78	79	75
3	20004	1班	李进	女	合格	90	78	82	87	89	67	67	90
4	20005	1班	胡海华	男	合格	91	90	83	75	75	67	76	78

图 9-14　增加"体育"列

(2) 按行添加主要使用 loc 索引器完成。

【例 9-32】　利用例 9-20 中的数据，在第 5 行后增加 1 行数据：学号为"20006"，其他信息为 ['3 班 ',' 张三 ',' 男 ',70,67,78,98,67,68,58,87]）。代码如下：

```
df.loc[5] = ['20006','3 班 ',' 张三 ',' 男 ', 70,67,78,98,67,68,58,87]
df
```

结果如图 9-15 所示。

	学号	班级	姓名	性别	语文	数学	外语	物理	化学	生物	政治	历史
0	20001	1班	李海	女	87	78	80	56	75	67	80	78
1	20002	1班	胡艳	女	88	78	83	75	53	54	67	78
2	20003	1班	江燕	女	89	67	78	67	75	78	79	75
3	20004	1班	李进	女	90	78	82	87	89	67	67	90
4	20005	1班	胡海华	男	91	90	83	75	75	67	76	78
5	20006	3班	张三	男	70	67	78	98	67	68	58	87

图 9-15　添加 1 行信息

2) 数据删除

DataFrame 对象提供删除数据的 drop() 函数，其语法格式如下：

```
DataFrame.drop(labels=None,axis=0,index=None,columns=None,inplace =False)
```

常用参数及其含义如下：

- labels：指定要删除的索引（即行标签或列标签）；
- axis：指定删除行还是列。axis=0 表示删除行，此时 labels 的值为行标签；axis=1 表示删除列，此时 labels 的值为列标签。
- index：待删除的行名，可以是一个或多个标签。
- columns：待删除的列名，可以是一个或多个标签。
- inplace：布尔值，默认为 False。如果为 True，则直接在原始数据上删除相应数据，并返回修改后的数据；如果为 False，则返回一个新的 DataFrame 对象，其中包含已删除的数据。

【例 9-33】 利用例 9-20 中的数据，把学号为"20005"的记录删除。代码如下：

```
df.drop(4)    # 直接删除"20005"所在索引
```

结果如图 9-16 所示。

	学号	班级	姓名	性别	语文	数学	外语	物理	化学	生物	政治	历史
0	20001	1班	李海	女	87	78	80	56	75	67	80	78
1	20002	1班	胡艳	女	88	78	83	75	53	54	67	78
2	20003	1班	江燕	女	89	67	78	67	75	78	79	75
3	20004	1班	李进	女	90	78	82	87	89	67	67	90

图 9-16　删除学号为"20005"的学生信息

【例 9-34】 利用例 9-20 中的数据，把"语文""数学"列删除。代码如下：

```
df.drop(columns = [' 语文 ',' 数学 '])
```

结果如图 9-17 所示。

	学号	班级	姓名	性别	外语	物理	化学	生物	政治	历史
0	20001	1班	李海	女	80	56	75	67	80	78
1	20002	1班	胡艳	女	83	75	53	54	67	78
2	20003	1班	江燕	女	78	67	75	78	79	75
3	20004	1班	李进	女	82	87	89	67	67	90
4	20005	1班	胡海华	男	83	75	75	67	76	78

图 9-17　删除"语文""数学"列

3) 数据修改

(1) 修改行列标签。修改行列标签有两种方法：一种是用 .index 和 .columns 属性修改，另一种是通过 rename() 函数修改。

【例 9-35】　利用例 9-20 中的数据，把列名"外语"改成"英语"。代码如下：

```
df.columns = [' 学号 ',' 班级 ',' 姓名 ',' 性别 ',' 语文 ',' 数学 ',' 英语 ',' 物理 ',' 化学 ',' 生物 ',' 政治 ',' 历史 ']
df                 # 注意，即使改动几个标签，也要将所有标签一起修改
```

结果如图 9-18 所示。

	学号	班级	姓名	性别	语文	数学	英语	物理	化学	生物	政治	历史
0	20001	1班	李海	女	87	78	80	56	75	67	80	78
1	20002	1班	胡艳	女	88	78	83	75	53	54	67	78
2	20003	1班	江燕	女	89	67	78	67	75	78	79	75
3	20004	1班	李进	女	90	78	82	87	89	67	67	90
4	20005	1班	胡海华	男	91	90	83	75	75	67	76	78

图 9-18　修改列名

当数据标签数量较多时，通常使用 DataFrame 的 rename() 函数修改行列标签，语法格式如下：

```
DataFrame.rename(self,mapper=None,index=None,columns=None,axis=None,copy=True,inplace=False,
errors='ignore')
```

常用参数说明如下：

• mapper：映射对象，可以是字典或者函数，与 axis 配合使用。

• index：指定行标签，可以是字典或者函数。

• columns：指定列标签，可以是字典或函数。

• axis：指定 mapper 要作用的轴，可以是"index"或 0，修改行标签；也可以是"columns"或 1，修改列标签。

• inplace：是否在原数据上直接修改，布尔型，设置为 True 时，直接修改原数据标签。

【例 9-36】　利用例 9-20 中的数据，用 rename 函数把列名"外语"改成"英语"，"语文"改成"中文"。代码如下：

```
df.rename(columns = {' 外语 ':' 英语 ',' 语文 ':' 中文 '},inplace = True)
df
```

结果如图 9-19 所示。

	学号	班级	姓名	性别	中文	数学	英语	物理	化学	生物	政治	历史
0	20001	1班	李海	女	87	78	80	56	75	67	80	78
1	20002	1班	胡艳	女	88	78	83	75	53	54	67	78
2	20003	1班	江燕	女	89	67	78	67	75	78	79	75
3	20004	1班	李进	女	90	78	82	87	89	67	67	90
4	20005	1班	胡海华	男	91	90	83	75	75	67	76	78

图 9-19　rename 函数的使用

(2) 数据修改。数据修改主要使用直接赋值修改。

【例 9-37】 利用例 9-20 中的数据，把李海的"数学"成绩改成 88。代码如下：

```
df.iloc[0,5]=88

df
```

结果如图 9-20 所示。

	学号	班级	姓名	性别	语文	数学	外语	物理	化学	生物	政治	历史
0	20001	1班	李海	女	87	88	80	56	75	67	80	78
1	20002	1班	胡艳	女	88	78	83	75	53	54	67	78
2	20003	1班	江燕	女	89	67	78	67	75	78	79	75
3	20004	1班	李进	女	90	78	82	87	89	67	67	90
4	20005	1班	胡海华	男	91	90	83	75	75	67	76	78

图 9-20　修改数据

3. 数据排序

DataFrame 结构使用 sort_index() 函数沿指定方向按标签排序，并返回一个新的 DataFrame 对象。该函数的语法格式如下：

```
DataFrame.sort_index(axis=0, level=None, ascending=True, inplace=False, kind='quicksort', na_position='last', sort_remaining=True)
```

常用参数及其含义如下：

- axis = 0 时，根据行索引标签进行排序；axis = 1 时，根据列名进行排序。
- ascending = True 时，升序排序；ascending = False 时，降序排序。
- inplace = True 时，原地排序；inplace = False 时，返回一个新的 DataFrame 对象。

除了 sort_index() 函数以外，DataFrame 结构还提供了 sort_values() 函数对数据进行排序，该函数的语法格式如下：

```
DataFrame.sort_values(by, axis=0, ascending=True, inplace=False, kind='quicksort', na_position='last')
```

常用参数及其含义如下：

- by 是指定依据哪一列或多列进行排序，如果只有一列，可直接写出该列的列名；如果有多列，则需要使用列表进行传参。
- ascending = True 时，升序排序；ascending = False 时，降序排序。
- na_position = 'last' 时，把缺失值放在最后面；na_position = 'first' 时，把缺失值放在最前面。

【例 9-38】 建立一个名为 df 的数据集，按 index 进行升序、降序排序。代码如下：

```
import pandas as pd

df = pd.DataFrame([1,2,3,4,5],index=[100,29,234,1,150],columns=['A'])

df
```

```
df.sort_index()
df.sort_index(ascending=False)
```

执行后结果如图 9-21 所示。

	A		A		A
100 1		**1** 4		**234** 3	
29 2		29 2		150 5	
234 3		**100** 1		**100** 1	
1 4		150 5		29 2	
150 5		**234** 3		**1** 4	

(a) 原数据 (b) 升序排序 (c) 降序排序

图 9-21 按 index 排序

【例 9-39】 利用例 9-20 中的数据，对"语文"和"数学"按照升序排序，不改变顺序。
代码如下：

```
df.sort_values(by=[' 语文 ',' 数学 '])
df
```

结果如图 9-22 所示。

	学号	班级	姓名	性别	语文	数学	外语	物理	化学	生物	政治	历史
0	20001	1班	李海	女	87	78	80	56	75	67	80	78
1	20002	1班	胡艳	女	88	78	83	75	53	54	67	78
2	20003	1班	江燕	女	89	67	78	67	75	78	79	75
3	20004	1班	李进	女	90	78	82	87	89	67	67	90
4	20005	1班	胡海华	男	91	90	83	75	75	67	76	78

图 9-22 "语文""数学"升序排序

4. 数据清洗

在数据分析开始之前，大量的工作都是在对数据进行清洗和预处理，对一份干净合理的数据进行分析和后续处理，得到的分析结果或者模型才准确、合理和稳定。

1) 重复值的处理

在数据分析的过程中遇到重复数据时，一般的处理办法就是将重复的数据删除。DataFrame 对象提供 duplicated() 函数用于检测重复数据，其语法格式如下：

```
DataFrame.duplicated(subset,keep='first')
```

常用参数及其含义如下：

• subset 指定一列或多列，需要判断不同行之间是否存在数据重复，默认使用整行所有列的数据进行比较。

• keep：用于指定在判断重复行时保留哪一个重复行。keep='first'：保留第一次出现的行，并将后续的重复行标记为 True；keep='last'：保留最后一次出现的行，并将之前的重复行标记为 True；keep=False：不会保留任何重复行，所有重复行都会被标记为 True。

duplicated() 函数用于检测重复数据，而 DataFrame 对象提供的 drop_ duplicates() 函数用于检测重复数据并删除重复数据，其语法格式如下：

```
DataFrame.drop_ duplicates(subset,keep='first',inplace=False)
```

常用参数及其含义如下：

• subset 和 keep 参数同 duplicated() 函数的对应参数使用方法。

• inplace =True 是指原地修改，此时 drop_ duplicated() 函数没有返回值；inplace = False 是指返回新的 DataFrame 对象，不对原来的 DataFrame 对象做任何修改。

【例 9-40】　利用例 9-20 中的数据，设置具有重复数据的表格。代码如下：

```
import pandas as pd
df = pd.read_excel(r'C:\Users\asd\Desktop\ 成绩表 .xlsx')
df
```

结果如图 9-23 所示。

	学号	班级	姓名	性别	语文	数学	外语	物理	化学	生物	政治	历史
0	20001	1班	李海	女	87	78	80	56	75	67	80	78
1	20002	1班	胡艳	女	88	78	83	75	53	54	67	78
2	20003	1班	江燕	女	89	67	78	67	75	78	79	75
3	20004	1班	李进	女	90	78	82	87	89	67	67	90
4	20001	1班	李海	女	87	78	80	56	75	67	80	78

图 9-23　查看具有重复数据的表格

可见结果中出现了两个"李海"的重复记录，现在检测重复值，代码如下：

```
df.duplicated()
```

检测结果如图 9-24 所示。

```
0    False
1    False
2    False
3    False
4     True
dtype: bool
```

图 9-24　检测具有重复记录的结果

提示第 4 个索引处有重复值，现将其删除，代码如下：

```
df.drop_duplicates()
```

运行结果如图 9-25 所示。

	学号	班级	姓名	性别	语文	数学	外语	物理	化学	生物	政治	历史
0	20001	1班	李海	女	87	78	80	56	75	67	80	78
1	20002	1班	胡艳	女	88	78	83	75	53	54	67	78
2	20003	1班	江燕	女	89	67	78	67	75	78	79	75
3	20004	1班	李进	女	90	78	82	87	89	67	67	90

图 9-25　删除重复的数据

2) 缺失数据的处理

缺失数据是指文件由于某些因素导致数据不完整，或者某些字段的值为空，这种情况下一般需要根据数据的用途、应用领域、重要性综合考虑处理方式。一般处理方式有两种：一是删除数据，二是填充或替换 (使用均值、中位数、众数等进行填充)。

在处理缺失数据之前，需要找到缺失数据的字段，可以使用 DataFrame 对象的 info()、isnull() 或 notnull() 函数。使用 isnull() 函数查看缺失值时，缺失的字段会返回 True, 非缺失字段返回 False；而 notnull() 函数与 isnull() 相反，即缺失返回 False，非缺失返回 True。下面通过一个例子说明这两个函数的使用。

【例 9-41】　利用例 9-20 中的数据，首先设置两个为空的记录，再用 notnull() 函数与 isnull() 函数查看缺失情况。代码如下：

```
import pandas as pd
df = pd.read_excel(r'C:\Users\asd\Desktop\ 成绩表 .xlsx')
df  # 引入有缺失记录的表格
```

结果如图 9-26 所示。

	学号	班级	姓名	性别	语文	数学	外语	物理	化学	生物	政治	历史
0	20001	1班	李海	女	NaN	78	80	56	75	67	80	78.0
1	20002	1班	胡艳	女	88.0	78	83	75	53	54	67	NaN
2	20003	1班	江燕	女	89.0	67	78	67	75	78	79	75.0
3	20004	1班	李进	女	90.0	78	82	87	89	67	67	90.0
4	20001	1班	李海	女	87.0	78	80	56	75	67	80	78.0

图 9-26　引入有缺失记录的表

由结果可见有两个空记录。用 isnull() 函数检测空记录，代码如下：

```
df.isnull()
```

结果如图 9-27 所示。

	学号	班级	姓名	性别	语文	数学	外语	物理	化学	生物	政治	历史
0	False	False	False	False	True	False	False	False	False	False	False	False
1	False	False	False	False	False	False	False	False	False	False	False	True
2	False	False	False	False	False	False	False	False	False	False	False	False
3	False	False	False	False	False	False	False	False	False	False	False	False
4	False	False	False	False	False	False	False	False	False	False	False	False

图 9-27　isnull() 函数的使用

再使用 notnull() 命令检测：

df.notnull()

结果如图 9-28 所示。

	学号	班级	姓名	性别	语文	数学	外语	物理	化学	生物	政治	历史
0	True	True	True	True	False	True	True	True	True	True	True	True
1	True	True	True	True	True	True	True	True	True	True	True	False
2	True	True	True	True	True	True	True	True	True	True	True	True
3	True	True	True	True	True	True	True	True	True	True	True	True
4	True	True	True	True	True	True	True	True	True	True	True	True

图 9-28   notnull() 函数的使用

通过上述查看以后，可以确定数据是否存在缺失的情况，若数据缺失，则需要根据实际情况选择处理方式。下面通过例子展示两种处理方式。

(1) 删除存在缺失值的数据，使用 DataFrame 对象的 dropna() 函数，该函数的语法格式如下：

DataFrame.dropna(axis=0, how='any', thresh=None, subset=None, inplace=False)

常用参数及其含义如下：

· axis 指定是否删除包含缺失值的行或列。axis=0 表示删除包含缺失值的行；axis=1 表示删除包含缺失值的列，默认 axis=0。

· how 指定存在缺失值或者全部值缺失时是否删除行或列。how='any' 表示如果存在缺失值，则删除该行或列；how='all' 表示全部为缺失值时，则删除该行或列，默认 how='any'。

· inplace：inplace=False 表示删除操作不在原数据中执行，会返回一个新的 DataFrame 对象，默认取值为 False；inplace=True 表示该删除操作在原数据中执行。

【例 9-42】 利用例 9-40 的数据，删除记录为空的数据。代码如下：

df.dropna()

结果如图 9-29 所示。

	学号	班级	姓名	性别	语文	数学	外语	物理	化学	生物	政治	历史
2	20003	1班	江燕	女	89.0	67	78	67	75	78	79	75.0
3	20004	1班	李进	女	90.0	78	82	87	89	67	67	90.0
4	20001	1班	李海	女	87.0	78	80	56	75	67	80	78.0

图 9-29   删除记录为空的数据

(2) 对存在缺失值的数据进行填充，填充的数据需要根据实际情况来确定。DataFrame 对象使用 fillna() 函数实现填充，其语法格式如下：

DataFrame.fillna(value=None, method=None, axis=None, inplace=False, limit=None, downcast=None, **kwargs)

常用参数及其含义：

· value：用于填充缺失值的值，可以是标量、字典、序列或数据框。

· method：用于填充缺失值的方法，可以选择 'backfill'、'bfill'、'pad'、'ffill' 或 None。默认为 None。

- axis：指定沿哪个轴进行填充，可以是 0 或'index'表示行，1 或'columns'表示列。
- inplace：是否在原始 DataFrame 上直接进行填充，默认为 False，即返回一个新的 DataFrame。
- limit：指定连续填充的次数。
- downcast：可选参数，用于降级数据类型。

该函数的具体用法，读者可自行参阅相关资料，限于篇幅，本书不再赘述。

9.3 数据可视化 Matplotlib 库

Matplotlib 库是 Python 的可视化应用库，它支持各种平台，功能十分强大，可以非常方便地创建常见的 2D 图表和一些基本的 3D 图形。使用 Python 进行数据可视化时，根据数据可视化的需要，常会使用 Matplotlib、seaborn 和 plotly 这 3 个可视化库。

Matplotlib 是 Python 的 2D 绘图库，它以各种硬拷贝格式和跨平台的交互式环境生成高质量级别的图形。通过 Mtplotlib，开发者仅需几行代码便可绘图，一般可绘制直方图、折线图、散点图、柱状图、饼图、子图等。Matplotlib 使用 NumPy 进行数组运算，并调用一系列其他的 Python 库来实现图形展示和硬件交互。

使用 Matplotlib 绘图的一般过程为：首先获得数据，然后根据实际需要绘制二维折线图、散点图、柱状图、饼状图、直方图等，接下来设置坐标轴标签、坐标轴刻度、图例、标题等图形属性，最后显示或保存绘图结果。

seaborn 是在 Matplotlib 的基础上发展的高级数据可视化库，使绘图更加容易。使用 Matplotlib 绘制的图形比较单一，而 seaborn 可以绘制更加精致的图形。

plotly 是一个基于 JavaScript 的绘图库，它绘制图形的种类丰富，效果美观，且易于保存和分享，其绘图结果可以和 Web 无缝集成。因为使用 plotly 绘制的图形默认是一个 HTML 网页文件，可通过浏览器查看。

9.3.1　绘制直方图

直方图也叫质量分布图，是一种统计报告图，由一系列高度不等的纵向条纹或线段表示数据分布的情况。它一般用横轴表示数据类型，纵轴表示分布情况，通过 Matplotlib. pyplot 模块中的 hist() 函数实现，其语法格式如下：

```
matplotlib.pyplot.hist(data,bins = ,normed= ,color= ,edgecolor=,alpha= )
```

主要参数含义如下：

- data：必选，表示绘图数据，可以是一个一维数组或列表。
- bins：指定 bins(箱子) 的个数，即条柱的个数。
- normed：是否将直方图向量归一化，默认为 False，不进行归一化，显示点的数量；如果为 True, 则进行归一化，显示某区间的点在所有点中所占的概率。
- color：直方图填充的颜色。
- edgecolor：长条形边框的颜色。

· alpha：直方图的透明度。

【例 9-43】　产生 2 万个正态分布随机数，用概率分布直方图显示。代码如下：

```
import numpy as np
import matplotlib.pylot as plt        # 载入绘图模块 pyplot，并且重命名为 plt
zx=100                                # 设置均值，中心所在点
sg=20                                 # 将每个点扩大相应的倍数
# 下面两条命令可以显示中文，并将字体设置为楷体
plt.rcParams['font.sans-serif']=['KaiTi']
#x 中的点以 zx 为中心，分布在 zx 旁边
x=zx+sg*np.random.randn(20000)
# 绘制直方图：bins 设置分组的个数为 100，显示 100 个直立方
plt.title(" 直方图 ")
plt.xlabel("x 轴 ")
plt.ylabel("y 轴 ")
plt.hist(x,bins=100,color='red',normed=True)
plt.show()
```

运行结果如图 9-30 所示。

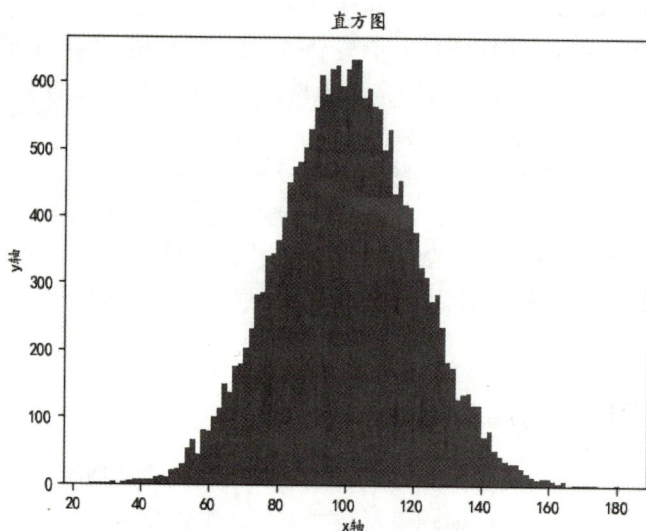

图 9-30　概率分布直方图

9.3.2　绘制折线图

扩展库 Matplotlib.pyplot 中的函数 plot( ) 可以用来绘制折线图，通过参数指定折线图上端点的位置、端点的形状、大小和颜色，以及线条的颜色、线型等样式，然后使用指定的样式把给定的点依次进行连接，最终得到折线图。如果给定的点足够密集，可以形成平滑的曲线。plot() 函数的语法格式如下：

```
matplotlib. pyplot. plot(* args,scalex=True,scaley=True,data=None,**kwargs)
```

其常用参数及含义如表 9-3、表 9-4 所示。

表 9-3　plot( ) 函数常用参数

参数名称	含　　义
args	args 是可变参数，可接收 3 个参数： x, y：数据点的横坐标、纵坐标，一般是一维数组； fmt：格式字符串，用来指定折线图的颜色、线型和数据点的形状
scalex scaley	布尔型参数，表示视图限制是否适应数据限制
data	带标签的数据对象，如果给定该参数，则需要指定 x、y 代表的标签名称
kwargs	用于设置折线标签、线宽以及数据点的形状、大小、边线颜色、边线宽度和背景颜色等属性

表 9-4　kwargs 的属性及其含义

参　数　名　称	含　　义
alpha	线条透明度，取值为 0～1
color 或 c	线条颜色
label	线条标签，会在图例中显示
linestyle 或 ls	线型
linewidth 或 lw	线条宽度，单位是像素
marker	数据符号的形状
markeredgecolor 或 mec	数据符号的边线颜色
markeredgewidth 或 mew	数据符号的边线宽度
markerfacecolor 或 mfc	数据符号的背景颜色
markersize 或 ms	数据符号的大小
visible	线条和数据符号是否可见

【例 9-44】已知某奶茶店 2021 年每月的营业额如表 9-5 所示。绘制折线图对该奶茶店全年营业额进行可视化。

表 9-5　某奶茶店 2021 年每月营业额

月　份	1	2	3	4	5	6	7	8	9	10	11	12
营业额 / 万元	15.2	21.7	58	5 7	7.3	9.2	13. 7	15.6	10.5	12.0	7.8	6.9

代码如下：

```
import matplotlib. pyplot as plt
# 月份和每月营业额
plt.rcParams['font.sans-serif']=['STZhongsong']          # 解决字体不能显示问题
month=list(range(1,13))
money=[15.2,21.7,5.8,5.7,7.3,9.2,13.7,15.6,10.5,12.0,7.8,6.9]   # 绘制折线图
plt.plot(month, money,'--v')
plt. xlabel(' 月份 ')          # 设置坐标轴标签文本
```

plt.ylabel(' 营业额 / 万元 ')	# 设置图形标题
plt.title(' 奶茶店 2021 年营业额变化趋势图 ')	
plt. show()	# 显示图形

结果如图 9-31 所示。

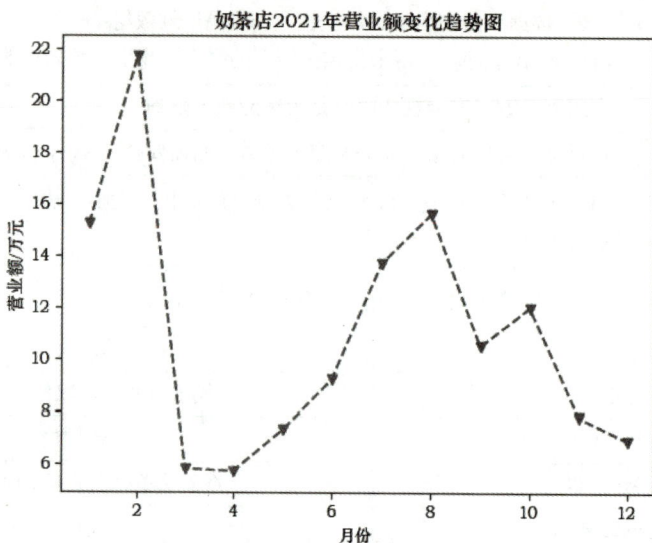

图 9-31　折线图

9.3.3　绘制散点图

散点图表示某变量随另一变量变化的趋势，散点图与折线图类似，也是由一个个离散的点组成的，但是点与点之间不会有线条连接。可以使用 plot() 函数和 scatter() 函数绘制散点图。scatter() 函数专门用于绘制散点图，使用方式与 plot() 函数类似，只是灵活度更高，可以单独控制每个离散点的不同属性。其语法格式如下：

matplotlib.pyplot.scatter(x, y, s =, c =, marker =, alpha=, linewidths=, edgecolors=)

scatter() 函数的常用参数及其含义如表 9-6 所示。

表 9-6　scatter() 函数的常用参数及其含义

参数名称	含　义
x,y	散点的横坐标和纵坐标
s	散点符号的大小
c	散点符号的颜色
marker	散点符号的形状
alpha	散点符号的透明度
linewidths	散点符号的边线宽度
edgecolors	散点符号的边线颜色

【例 9-45】 已知某城市 3 月份每天的最高气温如表 9-7 所示。根据已知数据，画出最

高气温散点图。

表 9-7　某地 3 月份每天的最高气温（单位：℃）

日期	3.1	3.2	3.3	3.4	3.5	3.6	3.7	3.8	3.9
温度	11	17	16	11	12	11	12	6	6
日期	3.10	3.11	3.12	3.13	3.14	3.15	3.16	3.17	3.18
温度	7	8	9	12	15	14	17	18	21
日期	3.19	3.20	3.21	3.22	3.23	3.24	3.25	3.26	3.27
温度	16	17	20	14	15	15	15	19	21
日期	3.28	3.29	3.30	3.31					
温度	22	22	22	23					

代码如下：

```
import matplotlib.pyplot as plt
# 3 月每天的最高气温
temp_y3=[11,17,16,11,12,11,12,6,6,7,8,9,12,15,14,17,18,21,16,17,20,14,15,15,15,19,21,22,22,22,23]
plt.rcParams['font.sans-serif']=['STZhongsong']
temp_x3=list(range(1,32))          # 3 月日期
# 绘制散点图，设置颜色、符号
plt.scatter(temp_x3,temp_y3,c='b',marker='v')
# 设置坐标轴标签文本
plt. xlabel(' 日期 ')
plt.ylabel(' 温度 /℃ ')
plt.title(' 某地 3 月份白天最高气温 ')     # 设置图形标题
plt.show()                          # 显示图形
```

结果如图 9-32 所示。

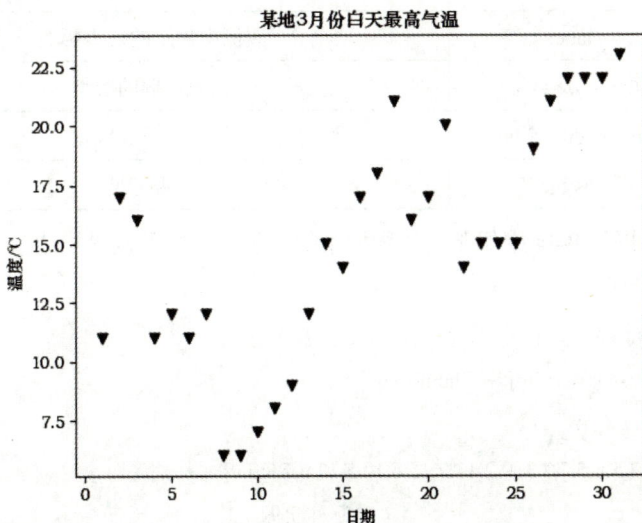

图 9-32　散点图

9.3.4 绘制柱状图

柱状图又称柱形图、长条图，是一种以长方形的长度或高度为变量的统计图，用来比较两个或两个以上数据，只有一个变量，通常用于较小的数据集分析。绘制柱状图主要使用 bar() 函数，语法格式如下：

```
matplotlib.pyplot.bar(x, height=, width =, bottom =, align =, color =, edgecolor =, linewidth =, kwargs)
```

bar() 函数的常用参数及其含义如表 9-8 所示。

表 9-8　bar() 函数的常用参数及其含义

参数名称		含　义
x		柱的 x 坐标
height		柱状的高度
width		柱状的宽度，默认为 0.8
bottom		柱底部边框的 y 坐标
align		柱的对齐方式
color		柱的颜色
edgecolor		柱的边框的颜色
linewidth		柱的边框的线宽
tick_label		柱的刻度标签
kwargs	alpha	透明度
	fill	是否填充
	hatch	内部填充符号，包括 /、\、|、-、+、x、o、O 等
	label	图例中显示的文本标签
	linestyle 或 ls	柱的边框的线型
	linewidth 或 lw	柱的边框的线宽
	visible	是否可见

【例 9-46】根据例 9-44 中奶茶店的数据绘制柱状图，要求设置描边效果和标注文本。代码如下：

```
import matplotlib.pyplot as plt
plt.rcParams['font.sans-serif']=['STZhongsong']
month=list(range(1,13))
money=[15.2,21.7,5.8,5.7,7.3, 9.2,13.7,15.6,10.5,12.0,7.8,6.9]
                          # 绘制柱状图
for x,y in zip(month,money):
```

```
        plt.bar(x,y,linestyle='--')
# 设置坐标轴标签文本
plt.xlabel(' 月份 ')
plt.ylabel(' 营业额 / 万元 ')
plt.title(' 奶茶店 2021 年每月营业额 ')      # 设置图形标题
plt.xticks(month)                          # 设置 x 轴刻度
plt.show()                                 # 显示图形
```

结果如图 9-33 所示。

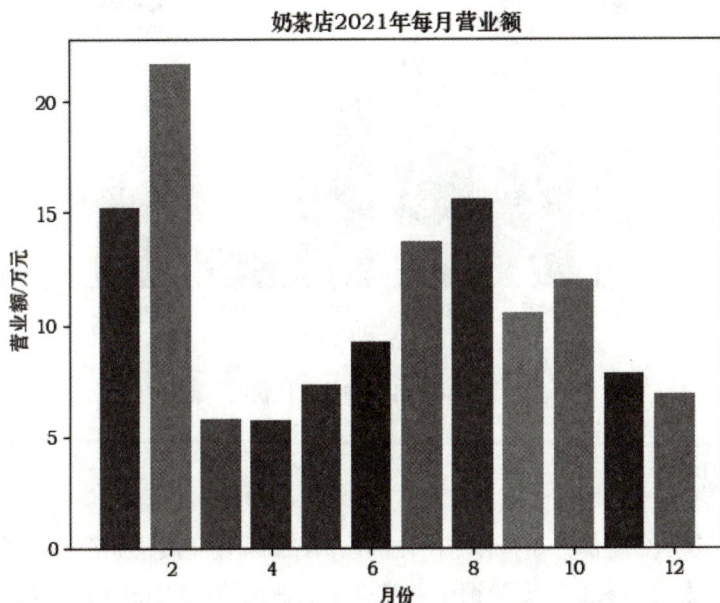

图 9-33　奶茶店每月营业额柱状图

【例 9-47】 绘制 A 学院和 B 学院的教师职称情况的柱状图。代码如下：

```
import matplotlib. pyplot as plt
import numpy as np
plt.rcParams['font.sans-serif']=['SimHei']
fig=plt.figure(figsize=(4.5,2.5),dpi=200)      # 画布大小
level=[' 教授 ',' 副教授 ',' 讲师 ',' 助教 ',' 其他 ']
numa=[20,31,27,5,8]                            #A 学院的数据
numb=[41,34,17,6,12]                           #B 学院的数据
x=np.arange(len(level))                        # 生成序列作为 x 的刻度值
bar1=plt.bar(x-0.2,numa,width=0.4,label=' 学院 A')
bar2=plt.bar(x+0.2,numb,width=0.4,label=' 学院 B')
plt.xticks(x,level,fontsize=7)
```

```
plt.bar_label(bar1)
plt.bar_label(bar2)
plt.legend(fontsize=7)                    # 添加图例
plt.ylabel(' 数量 ')
plt.xlabel(' 职称类别 ')
plt.show()
```

结果如图 9-34 所示。

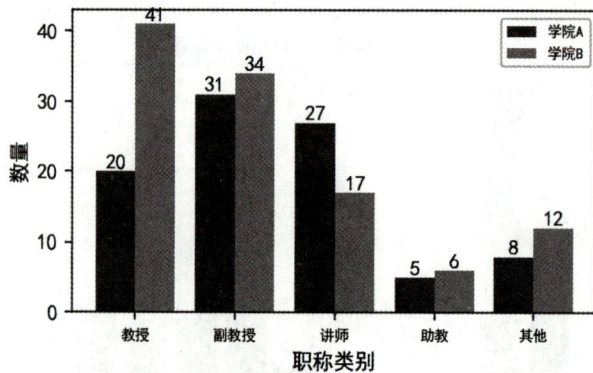

图 9-34　各职称数量柱状图

9.3.5　绘制饼图

饼图常用来显示各个部分在整体中所占的比例，如商场年度营业额中各类商品占比、不同员工的营业额占比、家庭年度开销中各类支出的占比等。Matplotlib 中的 pie() 函数可以用于绘制饼状图，其语法格式如下：

```
matplotlib. pyplot. pie(x, explode=, labels=, colors=, autopct=, pctdistance=, shadow=, labeldistance=, startangle=, radius=, counterclock=, center=, frame=)
```

pie() 函数的常用参数及其含义如表 9-9 所示。

表 9-9　pie() 函数的常用参数及其含义

参数名称	含　义
x	一维数组，计算每个数据的占比并确定对应的扇形面积
explode	取值为 None 或 len(x)，用于指定每个扇形沿半径方向相对于圆心的偏移量
colors	取值为 None 或颜色序列，用于指定每个扇形的颜色
labels	长度为 len(x) 的字符串序列，用于指定每个扇形的文本标签
autopct	设置扇形内部百分比的显示格式
pctdistance	设置每个扇形的中心与 autopct 指定的文本之间的距离，默认为 0.6

续表

参数名称	含　义
labeldistance	饼标签的径向距离
shadow	取值为 True 或 False，指定是否显示阴影
startangle	设置饼图第一个扇形的起始角度，相对于 x 轴逆时针方向计算
radius	饼图半径，默认为 1
counterclock	取值为 True 或 False，设置饼图中每个扇形的绘制方向
center	饼图的圆心位置
frame	取值为 True 或 False，是否显示边框

【例 9-48】　绘制某学院的教师职称分布情况的饼图。代码如下：

```
import matplotlib. pyplot as plt
plt.rcParams['font.sans-serif']=['kaiti']
fig=plt.figure(figsize=(4.5,2.5),dpi=200)      # 画布大小
level=[' 教授 ',' 副教授 ',' 讲师 ',' 助教 ',' 其他 ']
numa=[20,31,27,5,8]                            # 各职称人数
plt.pie(numa,
        labels=level,                          # 添加水平区域标签
        labeldistance=1.05,                    # 设置各扇形标签与圆心的距离
        autopct='%.1f%%',                      # 设置百分比格式
        startangle=90,                         # 设置饼图的初始角度
        radius=0.5,                            # 设置饼图的半径
        center=(0.2,0.2),)                     # 设置饼图的原点
plt.axis('equal')
plt.title(' 教师职称分析 ')
plt.show()
```

结果如图 9-35 所示。

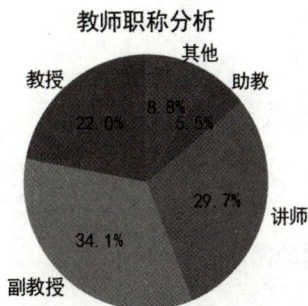

图 9-35　职称分布饼图

习   题

一、选择题

(1) 计算 NumPy 中元素个数的方法是 (   )。

A. np.sqrt()   B. np.size()

C. np.identity()   D. np.array()

(2) NumPy 中创建全为 0 的矩阵使用 (   )。

A. zeros   B. ones

C. empty   D. arange

(3) NumPy 中向量转成矩阵使用 (   )。

A. reshape   B. reval

C. range   D. random

(4) 序列和数据框是 (   ) 包下的数据结构。

A. NumPy   B. Pandas

C. Matplotlib   D. 以上都对

(5) 可以通过 (   ) 创建默认序列。

A. 元组   B. 列表

C. 数组   D. 以上都可以

(6) Pandas 中创建序列的函数为 (   )。

A. Series   B. DataFrame

C. array   D. to__excel

(7) pyplot 模块中绘制散点图的函数是 (   )。

A. scatter   B. plot

C. bar   D. hist

(8) pyplot 模块中绘制柱状图的函数是 (   )。

A. scatter   B. plot

C. bar   D. hist

(9) pyplot 模块中直方图的函数是 (   )。

A. scatter   B. plot

C. bar   D. hist

(10) pyplot 模块中绘制饼图的函数是 (   )。

A. scatter   B. plot

C. pie   D. hist

二、填空题

(1) 根据列表 [1,2,3,4] 生成一个三维数组的命令为 _____。

(2) 创建一个 5 行 5 列的全 0 数组的命令为 _____。

(3) np.eye( ) 的作用是 _____。

(4) 查看数组的大小用到的函数为 _____。

(5) DataFrame 对象提供 _____ 函数用于检测重复数据。

(6) DataFrame 对象可使用 _____ 属性和 _____ 属性进行多数据筛选。

(7) DataFrame 对象提供删除数据的函数是 _____。

三、综合题

(1) 创建一个 10 × 10 的 0 数组。

(2) 创建一个长度为 10，并且除了第 5 个值为 1，其他值均为 0 的一维数组。

(3) 创建一个 0～8 的 3 × 3 矩阵。

(4) 生成一个 3 × 3 的对角矩阵。

(5) 创建一个长度为 30 的随机值数组，并找到平均值。

(6) 创建一个长度为 10 的数组，并做排序操作。

(7) 读取某 Excel 文件的数据并输出前 10 行。

(8) 检测 Excel 文件中重复的数据，并删除重复数据。

第 10 章　数据分析综合案例

数据分析是指用适当的统计方法对收集来的大量数据进行分析，提取有用的信息并形成结论，进而对数据加以详细研究和概括总结的过程。本章选取某电商平台用户消费数据进行分析和描述。

10.1　案 例 介 绍

本案例主题为电商用户消费数据分析，以某电商平台某店铺 2015 年 1 月至 2016 年 6 月的产品销售数据为例，目的是研究该店铺 2015 年年初进行营销活动以来一年半的店铺商品销售情况。共约有 6 万条数据，主要通过分析用户的消费行为，进而有针对性地进行营销活动以提升营业额。用户的消费行为具体可以通过以下几个业务指标来实现，如用户整体消费情况、用户个体消费情况、用户消费周期与生命周期、构建 RFM 模型进行用户分层可视化分析等。

10.2　数 据 集 描 述

数据集已进行脱敏预处理，一共 69 659 行数据，数据共 4 列，分别是用户 ID、购买时间、购买产品数量、消费总金额数据，原始数据没有标题，需后续构建。数据存储在 txt 文件中，文件内原始数据格式如图 10-1 所示。

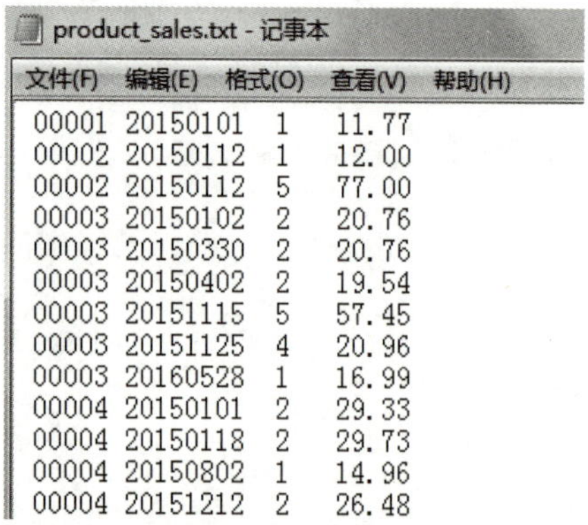

图 10-1　原始数据记录

10.3　数 据 清 洗

数据清洗的过程一般包括数据导入、选择子集、数据转换、列重命名、缺失值处理及数据排序等操作。

10.3.1　数据导入与列重命名

原始数据存放在与代码文件同级的文件夹内，引入相应的 NumPy 库、Pandas 库、Matplotlib 库、datetime 库。为了统一数据可视化绘图风格和相关字体格式显示，还需统一绘图风格和字体格式。代码如下：

```
import numpy as np

import pandas as pd

import matplotlib.pyplot as plt

from datetime import datetime

% matplotlib inline

plt.style.use('ggplot')                                        # 更改绘图风格，R 语言绘图库的风格

plt.rcParams['font.sans-serif'] = ['SimHei']

# 设置列名称，导入数据

columns = ['user_id', 'order_dt', 'order_products', 'order_amount']

df = pd.read_table('product_sales.txt', names=columns, sep='\s+')  # sep='\s+': 匹配任意个空格

df.head()
```

运行上述代码读取前 5 行数据，如图 10-2 所示。

	user_id	order_dt	order_products	order_amount
0	1	20150101	1	11.77
1	2	20150112	1	12.00
2	2	20150112	5	77.00
3	3	20150102	2	20.76
4	3	20150330	2	20.76

图 10-2　读取前 5 行数据

读取到数据后，可看到数据一共有 4 列，日期格式属于文本显示，后续待处理；存在同一用户同一天有多个订单的情况。通过 df.describe() 查看数据的相关描述性信息，描述性信息如图 10-3 所示。

	user_id	order_dt	order_products	order_amount
count	69659.000000	6.965900e+04	69659.000000	69659.000000
mean	11471.062548	2.015228e+07	2.410040	35.893648
std	6820.160763	3.837735e+03	2.333924	36.281942
min	1.000000	2.015010e+07	1.000000	0.000000
25%	5506.000000	2.015022e+07	1.000000	14.490000
50%	11410.000000	2.015042e+07	2.000000	25.980000
75%	17273.000000	2.015111e+07	3.000000	43.700000
max	23570.000000	2.016063e+07	99.000000	1286.010000

图 10-3　数据相关描述性信息

通过 df.info() 继续查看数据的相关结构性信息，结果如图 10-4 所示。

```
<class 'pandas. core. frame. DataFrame'>
RangeIndex: 69659 entries, 0 to 69658
Data columns (total 4 columns):
user_id            69659 non-null int64
order_dt           69659 non-null int64
order_products     69659 non-null int64
order_amount       69659 non-null float64
dtypes: float64(1), int64(3)
memory usage: 2.1 MB
```

图 10-4　数据结构性信息

从以上描述性信息可见，该数据集一共有 69 659 条数据，从 count 描述可见数据不存在缺失值。从 mean 描述可见用户平均每笔订单购买 2.4 个商品，std 标准差为 2.3，稍微有点波动，属于正常。通过 75% 分位数可见，绝大多数订单的购买量在 3 个产品左右；从 50% 和 75% 分位数可见，大部分订单消费金额集中在中小额 25～45 区间。

从以上数据可见，本数据集的 4 列均为可用信息，不需要选择子集；数据中不存在缺失值，也不需要进行缺失值处理。

10.3.2　数据类型转换

在数据导入时为了防止数据导入不成功，Python 会强制转换为 object 类型，然而这些数据类型在分析过程中不利于运算和分析，故对于导入的某些数据需进行数据转换。例如，本案例的 "order_dt" 列显示是 int64 格式，但后续分析计算需要的是 datetime64 日期型数据，故需要进行数据格式转换。代码如下：

```
df['order_date'] = pd.to_datetime(df['order_dt'], format='%Y%m%d')
df.head()
```

运行以上代码，结果如图 10-5 所示。

	user_id	order_dt	order_products	order_amount	order_date
0	1	20150101	1	11.77	2015-01-01
1	2	20150112	1	12.00	2015-01-12
2	2	20150112	5	77.00	2015-01-12
3	3	20150102	2	20.76	2015-01-02
4	3	20150330	2	20.76	2015-03-30

图 10-5　数据格式转换后前 5 行数据

上述代码中，format 参数表示按照指定的格式去匹配要转换的数据列；%Y 代表四位的年份，如 1994；%m 代表两位月份，如 05；%d 代表两位日期，如 31。

通过 df.info() 代码查看文件和数据信息，如图 10-6 所示。

```
<class 'pandas.core.frame.DataFrame'>
RangeIndex: 69659 entries, 0 to 69658
Data columns (total 5 columns):
user_id          69659 non-null int64
order_dt         69659 non-null int64
order_products   69659 non-null int64
order_amount     69659 non-null float64
order_date       69659 non-null datetime64[ns]
dtypes: datetime64[ns](1), float64(1), int64(3)
memory usage: 2.7 MB
```

图 10-6　数据格式转换后数据结构性信息

10.4　用户消费特征分析

在对数据进行处理后，就可以用这些数据进行指标分析，计算出相关的业务指标，并用可视化的方式呈现结果，便于今后进行营销决策。用户消费特征分析主要包括用户整体消费情况分析、用户个体消费情况分析和用户消费周期 (购买和生命周期) 分析。

10.4.1　整体用户消费趋势

基于前述数据绘制产品销售数量、销售金额、订单数、消费人数趋势图，代码如下：

```
plt.figure(figsize=(20, 15))                                          # 单位是英寸
# 产品销售数量
plt.subplot(221)                                                      # 两行两列，占据第一个位置
df.groupby(by='order_date')['order_products'].sum().plot()            # 默认折线图
plt.title(' 产品销售数量趋势图 ')
# 销售金额
plt.subplot(222)                                                      # 两行两列
```

```
df.groupby(by='order_date')['order_amount'].sum().plot()        # 默认折线图
plt.title(' 销售金额趋势图 ')
# 订单数
plt.subplot(223)                                                # 两行两列
df.groupby(by='order_date')['user_id'].count().plot()           # 默认折线图
plt.title(' 订单数趋势图 ')
# 消费人数 ( 根据 user_id 进行去重统计，再计算个数 )
plt.subplot(224)                                                # 两行两列
df.groupby(by='order_date')['user_id'].apply(lambda x: len(x.drop_duplicates())).plot()   # 默认折线图
plt.title(' 消费人数趋势图 ')
```

以上代码运行结果如图 10-7 所示。

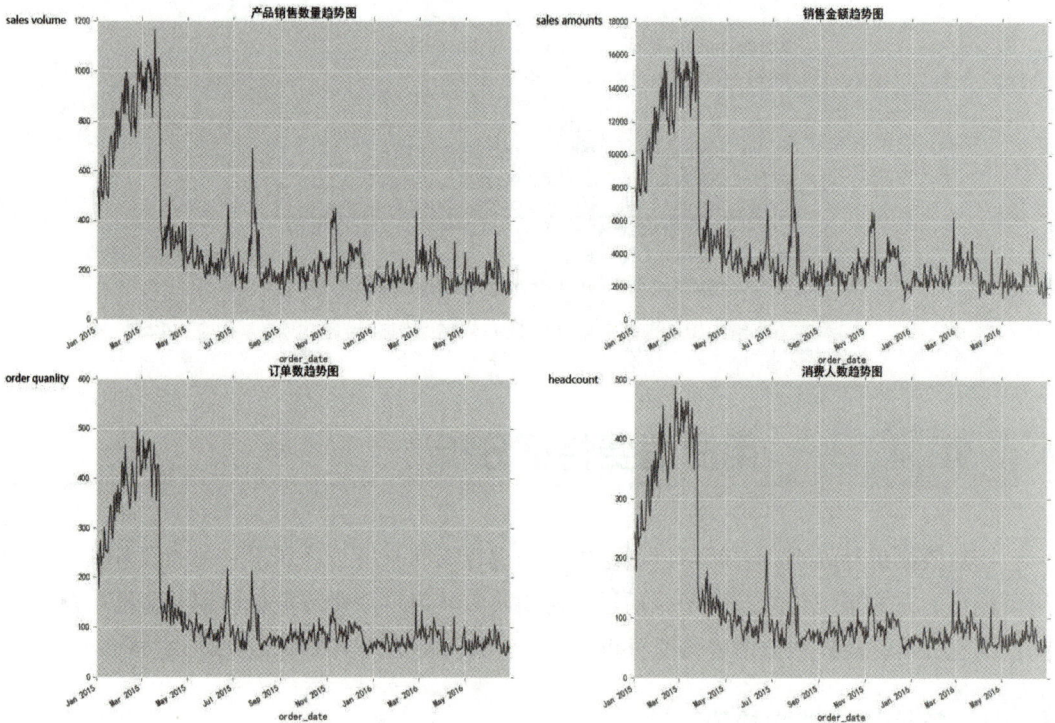

图 10-7　整体用户消费趋势图

分析图 10-7，从产品销售数量趋势图可以看出，前 3 个月销量非常高，而以后销量较为稳定，并且稍微呈现下降趋势；从销售金额趋势图可以看出，前 3 个月消费金额依然较高，与消费数量成正比例关系，但 3 个月后下降严重，并总体呈现下降趋势，思考原因可能与 1～3 月份为春节前后、加大了促销力度有关；从订单数趋势图可以看出，前 3 个月订单数在 500 左右，后续月份的平均消费单数在 100 左右。从消费人数趋势图可以看出，前 3 个月消费人数在 200～500，后续消费人数不到 100。因此，所有数据显示，2015 年前 3 个月消费状态异常，后续趋于常态化消费。

10.4.2　用户个体消费情况

1. 用户购买量与消费金额

查看用户个体消费描述性统计信息，代码如下：

```
user_grouped = df.groupby(by='user_id').sum()
print(user_grouped.describe())
print(' 用户数量 :', len(user_grouped))
```

程序运行结果如图 10-8 所示。

```
              order_dt   order_products   order_amount
count    2.350500e+04     23505.000000    23505.000000
mean     5.972295e+07         7.142353      106.373777
std      9.568659e+07        17.012606      241.330037
min      2.015010e+07         1.000000        0.000000
25%      2.015021e+07         1.000000       19.970000
50%      2.015032e+07         3.000000       43.490000
75%      6.046126e+07         7.000000      106.870000
max      4.373468e+09      1033.000000    13990.930000
用户数量: 23505
```

图 10-8　用户个体消费描述性信息

从以上数据结果可见，用户数量 23 505 个，每个用户平均购买 7 个产品，但是购买产品中位数只有 3，并且最大购买量为 1033，平均值大于中位数，属于典型的右偏分布。从消费金额角度可见，平均用户消费 106 元，中位数 43 元，并且存在用户高消费达 13 990 元的情况，结合分位数和最大值来看，平均数与 75% 分位数几乎相等，属于典型的右偏分布，说明存在小部分用户 (后面的 25%) 高额消费的情况。

绘制每个用户的产品购买量与消费金额散点图，代码如下：

```
df.plot(kind='scatter', x='order_products', y='order_amount')
```

运行结果如图 10-9 所示。

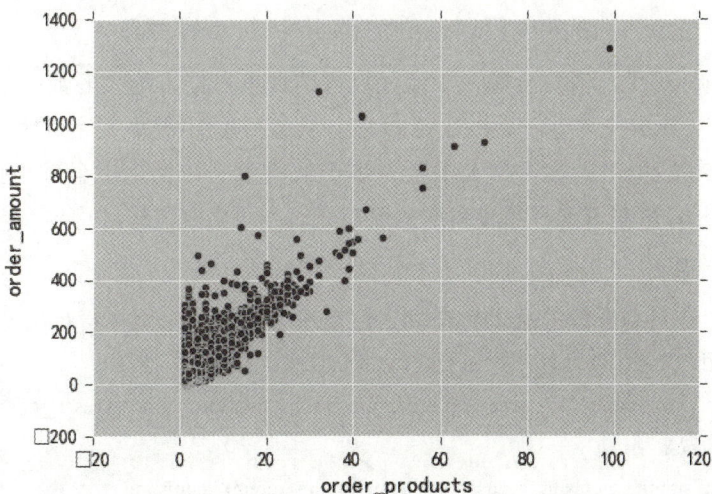

图 10-9　购买量与消费金额散点图

从图 10-9 可知，用户的消费金额与购买量呈现线性趋势，每个商品均价 15 元左右。订单的极值点比较少 (消费金额＞1000 元，或者购买量大于 60)，对于样本来说影响不大，可以忽略。

2. 订单消费金额与购买量

绘制用户的每个订单消费金额与购买量关系图，代码如下：

```
plt.figure(figsize=(12, 4))

plt.subplot(121)

plt.xlabel(' 每个订单的消费金额 ')

df['order_amount'].plot(kind='hist', bins=50)


plt.subplot(122)

plt.xlabel(' 每个 uid 购买的数量 ')

df.groupby(by='user_id')['order_products'].sum().plot(kind='hist', bins=50)
```

运行结果如图 10-10 所示。

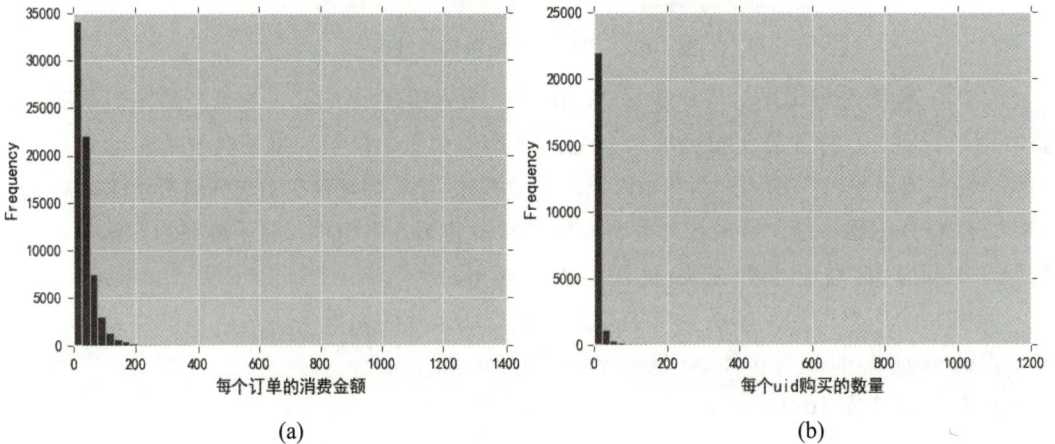

(a)　　　　　　　　　　　　　　(b)

图 10-10　每个订单的消费金额与购买量关系图

由图 10-10(a) 可见，消费金额在 100 元以内的订单占据了绝大多数；由图 10-10(b) 可知，每个用户购买数量非常小，集中在 50 以内。从这两幅图得知，店铺的用户消费金额低，并且购买小于 50 的用户人数占据大多数，属于低段水平，都是小金额小批量进行购买。针对此类交易群体，可在丰富产品线和增加促销活动方面采取措施，以提高转换率和购买率。

3. 用户贡献率

根据用户累计消费金额与总销售金额占比情况可以分析出用户贡献率。代码如下：

```
# 首先进行用户分组，取出消费金额，进行求和，排序，重置索引

user_cumsum = df.groupby(by='user_id')['order_amount'].sum().sort_values().reset_index()

# 每个用户消费金额累加

user_cumsum['amount_cumsum'] = user_cumsum['order_amount'].cumsum()

# 消费金额总值
```

```
amount_total = user_cumsum['amount_cumsum'].max()
# 前 xx 名用户的总贡献率
user_cumsum['prop'] = user_cumsum.apply(lambda x: x['amount_cumsum'] / amount_total, axis=1)
# 查看尾部几个数据
user_cumsum.tail()
```

以上代码运行结果如图 10-11 所示。

	user_id	order_amount	amount_cumsum	prop
23500	7931	6497.18	2463822.60	0.985405
23501	19339	6552.70	2470375.30	0.988025
23502	7983	6973.07	2477348.37	0.990814
23503	14048	8976.33	2486324.70	0.994404
23504	7592	13990.93	2500315.63	1.000000

图 10-11　用户贡献率尾部数据

根据以上结果绘制曲线图，代码如下：

```
user_cumsum['prop'].plot()
```

运行结果如图 10-12 所示。

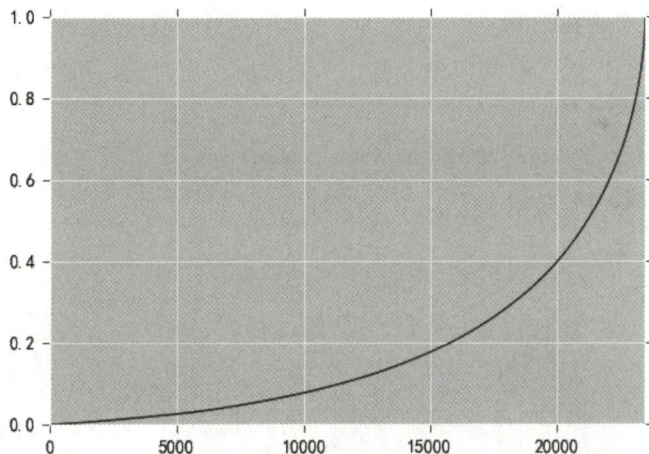

图 10-12　用户贡献率趋势图

由图 10-12 分析可知，前 20 000 名用户贡献总金额的 40%，剩余 3500 名用户贡献了 60%。这种长尾分布跟用户需求有关，可以对商品进行多元文化价值的赋予，增强其社交价值属性，提高用户的价值需求。

10.4.3　用户消费周期分析

1. 用户首购时间

对用户进行分组，购买时间取最小值，即为首购时间，可得知用户首购时间分布情况。代码如下：

```
df.groupby(by='user_id')['order_date'].min().value_counts().plot()
```

运行结果如图 10-13 所示。

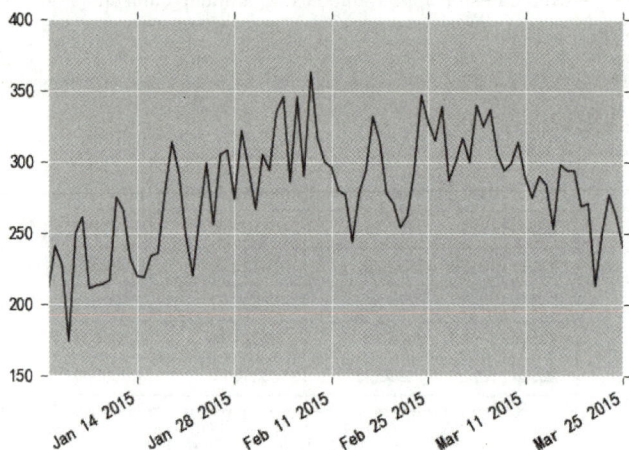

图 10-13　用户首购时间分布图

由图 10-13 可见，首次购买的用户量在 2015 年 10 月前呈明显上升趋势，后续开始逐步下降，猜测有可能是公司产品的推广力度或者价格调整所致。

2. 用户最后一次购买时间

对用户进行分组，购买时间取最大值，即为最后一次时间，可得知用户最后一次购买时间分布情况。代码如下：

```
df.groupby(by='user_id')['order_date'].max().value_counts().plot()
```

运行结果如图 10-14 所示。

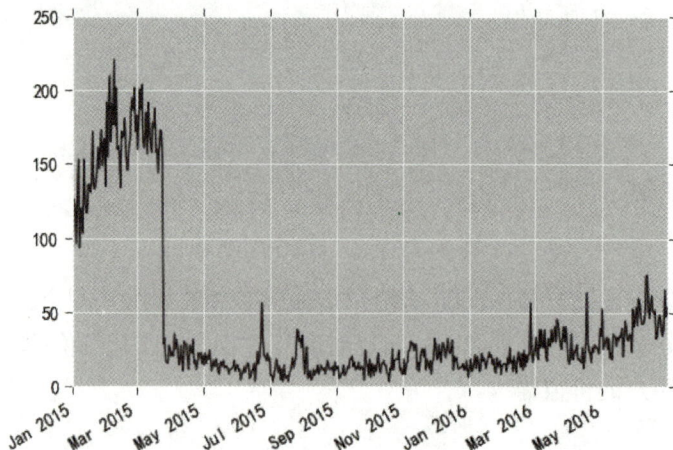

图 10-14　用户最后一次购买时间分布图

由图 10-14 可知，大多数用户最后一次购买时间集中在前 3 个月，说明缺少忠诚用户。随着时间的推移，最后一次购买商品的用户量呈现上升趋势，也符合这份数据选择的是前 3 个月消费的用户在后续 18 个月的跟踪记录。

3. 用户消费周期

相邻两次购买日期的时间差值即为消费周期。计算消费周期可以推算出店铺的用户活跃度。代码如下：

```
order_diff = df.groupby(by='user_id').apply(lambda x:x['order_date']-x['order_date'].shift())
order_diff.describe()
```

运行结果显示如图 10-15 所示。

```
count                           46154
mean       68 days 18:01:40.151666
std        91 days 16:47:31.101749
min           -481 days +00:00:00
25%             10 days 00:00:00
50%             31 days 00:00:00
75%             89 days 00:00:00
max            534 days 00:00:00
Name: order_date, dtype: object
```

图 10-15　用户消费周期描述信息

由图 10-15 结果可见，有 2 次以上消费的用户平均消费周期为 68 天，大多数用户消费周期低于 100 天。故在 50～60 天期间，可对这批用户进行细致营销刺激召回，比如 10 天回复满意度，30 天时发放优惠券，55 天时提醒优惠券的使用。

根据以上数据结果，绘制可视化柱形图。代码如下：

```
(order_diff/np.timedelta64(1,'D')).hist(bins = 20)
```

运行以上代码，结果如图 10-16 所示。

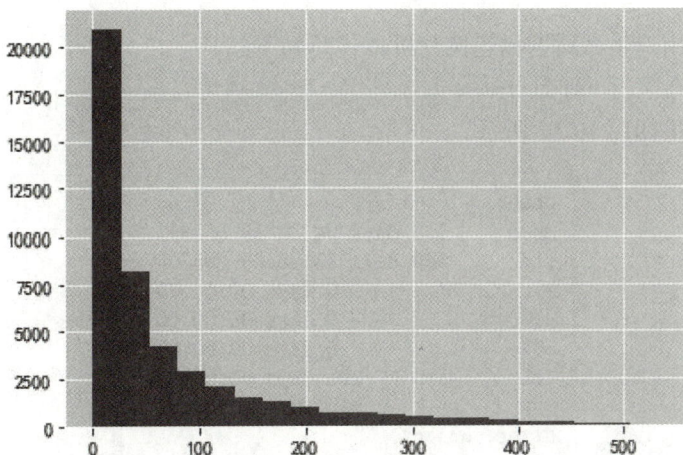

图 10-16　用户消费周期分布图

由图 10-16 可见，用户消费周期呈现典型的长尾分布，只有小部分用户消费周期在 200 天以上，属于不积极消费的用户，可以采取一些营销措施，如在这批用户消费后 3 天左右进行信息回访或赠送优惠券等活动，以增大消费频率。

10.4.4　用户生命周期

用户最后一次购买日期与第一次购买的日期的差值即为用户生命周期。如果差值为零，说明用户仅仅购买了一次。

首先，看一下仅消费一次用户和多次消费用户总体比例情况，代码如下：

```
user_life = df.groupby('user_id')['order_date'].agg(['min', 'max'])
(user_life['max'] == user_life['min']).value_counts().plot.pie(autopct='%1.1f%%')
plt.legend([' 仅消费一次 ', ' 多次消费 '])
```

运行以上代码，结果如图 10-17 所示。

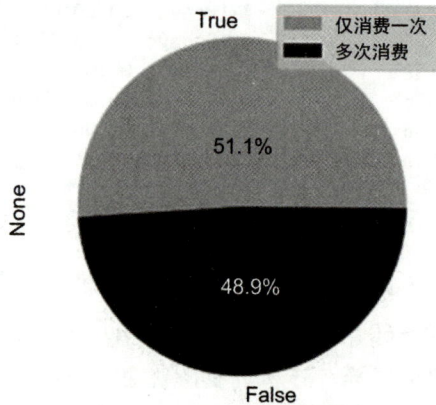

图 10-17　消费周期比例图

由图 10-17 可见，一半以上的用户仅仅消费了一次，说明运营不利，用户黏性较低，留存率不高。

然后，查看用户生命周期描述性分析，代码如下：

```
(user_life['max'] - user_life['min']).describe()
```

代码运行结果如图 10-18 所示。

图 10-18　用户生命周期描述性分析结果

从以上数据可见，用户平均生命周期为 135 天，但是中位数等于 0，再次验证大多数用户仅消费了一次，属于低质量用户。75% 分位数以后的用户，生命周期大于 295 天，属于核心用户，需要着重维持。总体也印证了本次案例数据属于店铺运营或营销的前 3 个月新用户数据。

绘制所有用户和多次消费用户的生命周期直方图，代码如下：

```
plt.figure(figsize=(12, 6))
plt.subplot(121)
((user_life['max'] - user_life['min']) / np.timedelta64(1, 'D')).hist(bins=15)
plt.title(' 所有用户生命周期直方图 ')
plt.xlabel(' 生命周期天数 ')
plt.ylabel(' 用户人数 ')


plt.subplot(122)
u_1 = (user_life['max'] - user_life['min']).reset_index()[0] / np.timedelta64(1, 'D')
u_1[u_1 > 0].hist(bins=15)
plt.title(' 多次消费的用户生命周期直方图 ')
plt.xlabel(' 生命周期天数 ')
plt.ylabel(' 用户人数 ')
```

代码运行结果如图 10-19 所示。

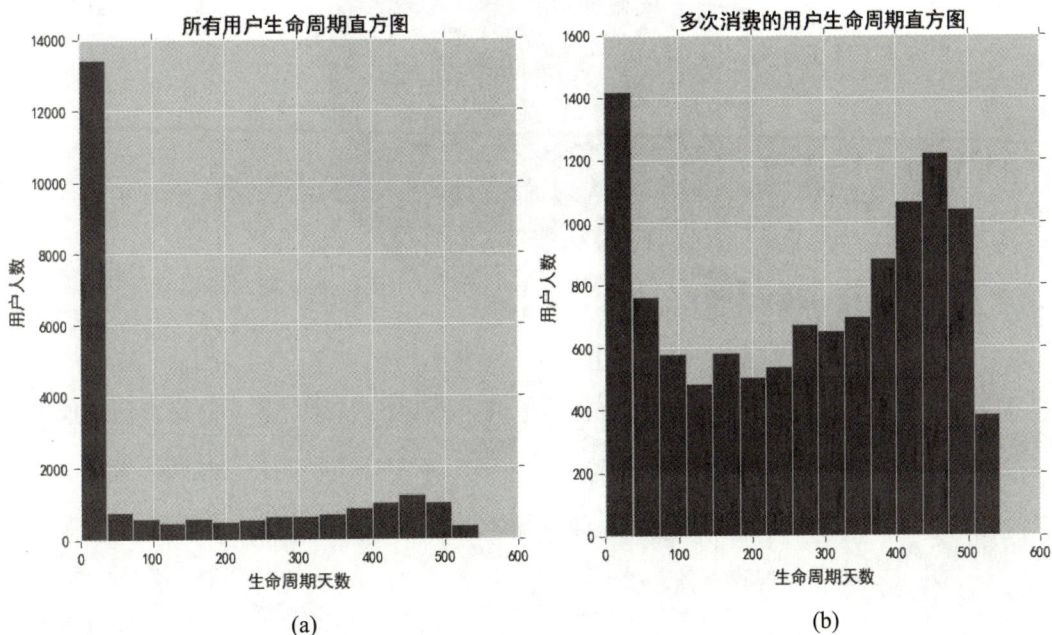

(a)　　　　　　　　　　　　　　　(b)

图 10-19　生命周期直方图分析

从图 10-19 的两图对比可知，右侧多次消费的用户生命周期直方图过滤掉了左侧图数据中生命周期为 0 的用户，呈现双峰结构。图 10-19(b) 中还有一部分用户的生命周期趋于 0 天，虽然进行了多次消费，但是不能长期来消费，属于普通用户，可针对地性进行营销推广活动。少部分用户生命周期集中在 300～500 天，属于忠诚客户，需要大力度维护此类客户，开展有针对性的营销活动，引导其持续消费。

10.5　用户价值度分析——RFM 模型构建与可视化

10.5.1　RFM 模型构建

从用户价值角度考虑，企业的用户价值符合二八原则。企业为了进行精细化运营，可以利用 RFM 模型对用户价值指数 (衡量过去到当前用户贡献的收益) 进行计算。其中，R(Recency) 代表最近一次消费时间，R 值越大，表示客户交易发生的日期越远，反之则交易发生的日期越近。F(Frequency) 代表消费频率，F 值越大，表示客户交易越频繁，反之则表示客户交易不够活跃。M(Monetary) 代表消费金额，M 值越大，表示客户价值越高，反之则表示客户价值越低。

根据上述三个维度，对客户做细分展示，如图 10-20 所示。

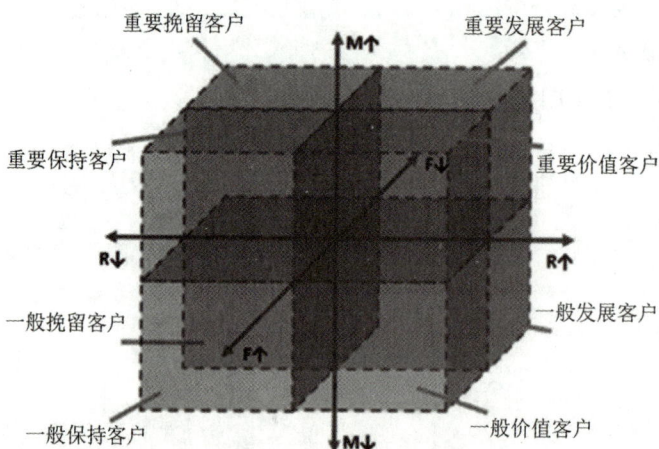

图 10-20　RFM 模型

在进行用户价值度分析前，先透视数据情况再求取 RFM 指标值，特别说明为便于分析计算，本案例使用购买产品的总数量代表 F 频度，代码如下：

```
rfm = df.pivot_table(index='user_id',
                values=['order_products','order_amount','order_date'],
                aggfunc={
                    'order_date':'max',                # 最后一次购买
                    'order_products':'sum',            # 使用购买产品的总数量代表 F 频度
                    'order_amount':'sum'               # 消费总金额
                })
rfm['R'] = -(rfm['order_date']-rfm['order_date'].max())/np.timedelta64(1,'D')   # 取相差的天数，保留一位小数
rfm.rename(columns={'order_products':'F','order_amount':'M'},inplace=True)
rfm.head()
```

运行结果如图 10-21 所示。

	M	order_date	F	R
user_id				
1	11.77	2015-01-01	1	546.0
2	89.00	2015-01-12	6	535.0
3	156.46	2016-05-28	16	33.0
4	100.50	2015-12-12	7	201.0
5	385.61	2016-01-03	29	179.0

图 10-21　用户 RFM 指标值

根据以上求取的 RFM 指标值，设定每个数据的用户分类标签，代码如下：

```
def rfm_func(x):                                    # x: 分别代表每一列数据
    level = x.apply(lambda x:'1' if x>=1 else '0')
    label = level['R'] + level['F'] + level['M']    # 举例：100    001
    d = {
        '111':' 重要价值客户 ',
        '011':' 重要保持客户 ',
        '101':' 重要发展客户 ',
        '001':' 重要挽留客户 ',
        '110':' 一般价值客户 ',
        '010':' 一般保持客户 ',
        '100':' 一般发展客户 ',
        '000':' 一般挽留客户 '
        }
    result = d[label]
    return result
# rfm['R']-rfm['R'].mean()
rfm['label'] = rfm[['R','F','M']].apply(lambda x:x-x.mean()).apply(rfm_func,axis =1)
rfm.head()
```

运行结果如图 10-22 所示。

	M	order_date	F	R	label
user_id					
1	11.77	2015-01-01	1	546.0	一般发展客户
2	89.00	2015-01-12	6	535.0	一般发展客户
3	156.46	2016-05-28	16	33.0	重要保持客户
4	100.50	2015-12-12	7	201.0	一般挽留客户
5	385.61	2016-01-03	29	179.0	重要保持客户

图 10-22　客户价值用户分类标签

10.5.2　用户分层可视化

根据以上用户分类，绘制用户分层可视化折线图，代码如下：

```
rfm.groupby(by='label')['label'].count().plot()
plt.title(' 分层用户数量 ')
plt.xlabel(' 客户类型 ')
```

运行结果如图 10-23 所示。

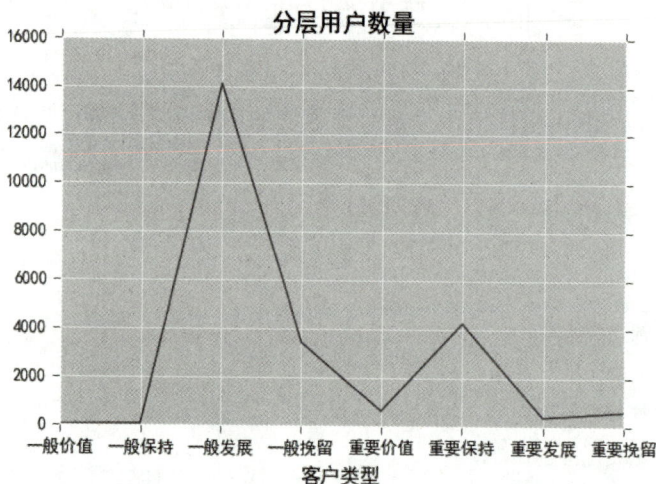

图 10-23　用户分层分布图

从图 10-23 可见，一般发展客户和重要保持客户相对较多。根据 RFM 模型介绍，企业应重点维护这部分重要保持客户。

习　　题

1. 查阅网络相关资料，了解本专业相关行业数据分析指标数据及其含义。
2. 根据本章提供的基础数据，练习本章数据分析案例。

参 考 文 献

[1]　董付国. Python 可以这样学 [M]. 北京：清华大学出版社，2017.

[2]　嵩天，礼欣，黄天羽. Python 语言程序设计基础 [M]. 2 版. 北京：高等教育出版社，2017.

[3]　王世波，武志勇. Python 程序设计与数据分析项目实战 [M]. 北京：清华大学出版社，2023.